点光源的阴影

光照烘焙

自然场景

"十三五"高等学校数字媒体类专业系列教材

Unity 5.x
游戏设计微课堂
（入门篇）

主　编 / 孙博文

副主编 / 张殿龙

中国铁道出版社有限公司
CHINA RAILWAY PUBLISHING HOUSE CO., LTD.

内 容 简 介

本书通过实现一个小游戏的实例，讲解了Unity游戏引擎的基本操作、材质渲染、光照烘焙、自然场景、场景漫游、动画制作、角色控制、碰撞检测等游戏制作的相关知识，同时也讲解了电子游戏的发展历史及游戏制作的基本原则。

全书共30讲，每讲内容深入浅出、短小精悍，并在腾讯课堂中配有课程的讲解视频。

本书适合作为Unity游戏制作的入门教材，也可作为游戏专业、媒体专业以及独立游戏开发者的参考用书。

图书在版编目（CIP）数据

Unity 5.x游戏设计微课堂．入门篇 / 孙博文主编．—北京：中国铁道出版社，2016.12（2021.12重印）

"十三五"高等学校数字媒体类专业系列教材

ISBN 978-7-113-22350-2

Ⅰ．①U… Ⅱ．①孙… Ⅲ．①游戏程序-程序设计-高等学校-教材 Ⅳ．① TP317.61

中国版本图书馆CIP数据核字（2016）第246022号

书　　名：Unity 5.x游戏设计微课堂（入门篇）
作　　者：孙博文

策　　划：吴　楠		编辑部电话：(010) 63549508
责任编辑：吴　楠　冯彩茹		
封面设计：刘　颖		
封面制作：白　雪		
责任校对：王　杰		
责任印制：樊启鹏		

出版发行：中国铁道出版社有限公司（100054，北京市西城区右安门西街8号）
网　　址：http://www.tdpress.com/51eds/
印　　刷：北京建宏印刷有限公司
版　　次：2016年12月第1版　　2021年12月第4次印刷
开　　本：787 mm×1 092 mm　1/16　印张：10.5　字数：207千
书　　号：ISBN 978-7-113-22350-2
定　　价：39.00元

"十三五"高等学校数字媒体类专业系列教材
编 委 会

主　任：曹三省

副主任：吴和俊

委　员：（按姓氏汉语拼音音序排列）

　　　　崔亚娟　　　　何光威　　　　黄　艾

　　　　黄丹红　　　　刘宪兰　　　　秦绪好

　　　　孙博文　　　　王　斌　　　　王克敏

　　　　许志强　　　　杨　磊　　　　袁邈桐

　　　　周　欣

秘　书：吴　楠

序　言

　　自 20 世纪后期，数字技术迅速与以音／视频为代表的多媒体信息领域结合以来，数字媒体经历了诞生、成长与渗透性普及的发展阶段，时至今日，数字媒体已经在技术、应用、创意、传播等诸多不同层面，成为互联网时代的重要基础与载体，成为人类未来信息社会不可或缺也无可替代的柱石之一。

　　从简单意义上的借助数字技术、提升音／视频多媒体信息的通信效率和传输效果出发，数字媒体技术在今天的内涵与范畴均发生了翻天覆地的变化。毋庸置疑，数字图像处理、数字视频压缩等具有基础性的数字媒体技术领域，在今天仍然是这一技术体系的重要基石。而近年来随着宽带通信网络和移动互联网的迅速发展，流媒体、移动多媒体、大数据、智能媒体、虚拟现实等技术领域正在实现着与传统意义上的数字媒体技术领域的实质性融合，使得数字媒体成为当前信息技术领域内最具成长活力的体系之一。

　　在数字化前期由数字信息技术所奠定的高速化、标准化、互动化的技术特性基础之上，数字媒体技术一直在经历着边界的扩展和性能的提升。持续演进的数字信息编码与信息处理技术，为越来越高清化、高品质化的数字音／视频内容的存储、处理、传输和应用创造着越来越高的效率。同时，逐渐延伸，最终将遍布全球，渗透到人们生活的各个角落的互联网、宽带互联网、移动互联网乃至实现万物互联的智慧物联网络，为数字媒体搭建了越来越广阔的舞台，且使得数字媒体在互动性、智能性和以人为本的属性与特质上实现着越来越迅速的提升。数字技术对于人类的信息传播方式而言，已不再是最初的为提升信息传播效果与效率、应对模拟技术劣势而被采用的一种技术途径，其所缔造的大写的"数字媒体"，已成为人类信息传播创新，亦即新媒体发展历史进程中的一个壮阔时代的本名。在数字媒体前行的轨道之上，不同学科领域、不同知识架构的融合，正在无可避免地发生，而这种融合也将使得数字媒体较以往的诸多信息传播方式创新而言，具有更加显著而可持续的活力，也更将引发数字媒体在未来的更多奇迹的发生。今天的和未来的数字媒体，均将以一种不可扭转的趋势，实现着科学、技术、艺术、人文、产业等不同层面之间的融合，灵感即理性，创意即创新，演进即永恒。

　　本丛书作为"十三五"期间面向我国诸多院校所开设的数字媒体相关专业的教科书与参考书，在梳理和详述当前数字媒体技术、艺术和产业等领域内的关键知识体系的同时，也将以启发式的知识传播为己任，在"互联网＋"与大众创新、万众创业的宏大时代背景之下，为为数众多的相关行业和领域在培养具有数字媒体知识基础和创新素养的优秀人才的工作中，尽一份绵薄之力。

曹三省

2016 年 3 月于北京

前　言

　　2011 年的秋天，我和我的研究生接受了一项紧急任务，为本校开发一套电工实训的虚拟实验，要求真实感强、可操作性好。当时，我们正在进行虚拟现实和增强现实的底层算法研究，为了看到算法的效果也接触过一些 3D 仿真设计软件。针对学校的任务要求和时间安排，我们最终决定还是采用 Unity3D 这款游戏引擎来实现虚拟实训的设计任务。原因很简单，Unity 的可视效果好、学习成本低、开发速度快。

　　从此与 Unity 结下了不解之缘。我们不仅用它完成了多个虚拟实验 / 实训项目，还结合我们的算法研发了《增强现实 3D 户型展示系统》《增强现实家具摆放系统》以及《虚拟现实家装设计展示系统》等多个应用项目，并指导本科生完成了《进化》《森林反击战》《空气危机》等多款 3D 游戏，先后在国家级、省级大学生计算机设计大赛上获得一、二等奖。恰逢这几年国内游戏产业高速发展，团队中的大学生毕业后大多进入到了国内著名的游戏公司，从事游戏项目的开发。

　　游戏是我国的一个新兴行业，随着利好政策和市场需求的推动，其产业发展迅猛，相应的人才极其短缺。为此，我们向学校申请开设了《2D/3D 游戏设计与开发》的选修课（主要介绍 Untiy 软件的使用），深受学生欢迎，自 2013 年下半年至今，已有 849 人选修了这门课。学生的学习热情也促使我们更好地组织课程教学，在高校教学改革大潮的推动下，本课程也采用了翻转课堂的教学模式，有效地培养了学生的自主学习能力。

　　新的教学理念和教学方法，促使课程结构有了较大的变化，课程不再大篇幅地灌输理论知识，而是将知识体系化整为零，提炼出知识点，结合案例进行短讲和精讲，并为学生提供课程视频和练习素材，让他们有更多的时间和机会去练习和实践，发挥他们的想象力和创造力，引导他们自主学习完成本课程。几年下来，效果非常不错，很多学生所学的知识远远超出课堂所讲的内容，他们会沿着课程的教学思路主动自学更多的相关知识，并在期末完成一份较专业的游戏作业。

　　我们认为这种新的教学理念和教学方法，值得总结和推广，为此撰写了本书，这既是为了满足本校课程的教学需要，也是为了与兄弟院校讲授和学习同类课程的教师和学生进行交流，以互相促进，取长补短。

　　本书设置 30 讲，每讲只讲授 1 个或几个知识点，但全书是围绕制作一个初级的游戏案例而设置的。其中，第 1 讲至第 5 讲介绍游戏设计的基本概念和基本原则；第 6 讲至第 9 讲介绍了 Unity 的基本操作；第 10 讲至第 15 讲介绍了游戏对象的创建、编辑、渲染及光照的设置与烘焙效果；第 16 讲至第 21 讲介绍了 Unity 的地形系统及相应的树木、草坪、水面、风区、天空等自然景物的创建；第 22 讲和第 23 讲介绍了场景漫游和外部模型的导入方法；第 24 讲至第 30 讲主要介绍游戏动画的制作和加工，以及游戏角色的控制与交互。全书所有内容都有相应的讲解视频配合，可在腾讯课堂（fractal.ke.qq.com，或扫描二维码登录）观看。

用微课程的方式讲解 Unity 游戏设计，会带给读者轻松愉快的学习感觉，书中每一讲的实例都比较容易实现，跟随练习会获得很强的成就感，并在不知不觉中积累大量 Unity 游戏设计方面的知识。

本书是一本 Unity 游戏设计的入门教材，采用最细致的步骤进行实例化的讲解，不论是大学生还是高中生，是理科生还是文科生，是工科专业还是艺术专业的学生，阅读本书都不会感到费力，相反会感觉到 Unity 引擎的强大能力。其实书中介绍的也只是 Unity 功能的冰山一角，Unity 占据全功能游戏引擎市场 45% 的份额，居全球首位。用 Unity 开发的游戏不计其数，现在国内有一定规模的游戏公司都有 Unity 的游戏开发团队。

本书由孙博文任主编，张殿龙任副主编。这里我们要感谢团队的所有成员，他们是张艳鹏、王岩全、白小玲、孙健、杨文博、刘凡钰、王雪、王淼、陈百韬、丁良宇、于龙琪、高源、张汉涛、朱毅、王驰、王春棋、郑洋、王庆卓等，通过我们共同学习、共同研发的经历，让我们得以撰写此书。同时，感谢中国铁道出版社的编辑对本书的热情推荐和精心指导。

由于时间仓促，加之编者水平有限，书中难免存在疏漏和不足之处，恳请读者批评指正。

编者

2016 年 8 月于哈理工 VRLab-925

C 目 录
ontents

游戏是什么

 本讲知识点

游戏的定义。

在使用 Unity 设计游戏之前，先来聊一下"游戏是什么？"

这似乎不是一个难以回答的问题，每个人都玩过游戏，如"石头、剪子、布""跳房子""下跳棋"及电子游戏等。

那是不是可以说"游戏就是用来玩的东西"？

"用来玩的"和"用来听的""用来看的"是大不相同的。达·芬奇的《蒙娜丽莎》是用来看的、贝多芬的《命运》是用来听的，甚至我们常说的八大艺术——文学、绘画、音乐、舞蹈、雕塑、戏曲、建筑、电影都是用来欣赏的。

现如今，电子游戏已被公认为第九艺术。与以往的八大艺术不同，游戏不仅是用来欣赏的，更重要的是用来"玩"的。

"玩"实际上是一种参与性的交互行为，这在以往的八大艺术中都不存在。在美术馆欣赏美术作品时，不能在画布上再涂上几笔，这不仅是因为这个冲动的行为会让人付出惨痛的代价，更重要的是涂抹后的作品已不再是原来的作品，就如同杜尚的 L.H.O.O.Q 一样（见图 1.1）。而游戏则不然，游戏期待人的参与甚至改变。

那么，是不是说，只要是玩的东西就一定是游戏呢？

假如一个人在拍皮球玩，这能算是游戏吗？严格地讲，它还不能算是游戏。

其实，游戏是这样一种活动：

（1）至少需要一个参与者——玩家。

（2）有一定规则。

（3）有胜利的条件。

■ 图 1.1　被杜尚重画过的蒙娜丽莎：L.H.O.O.Q

一个人拍皮球玩，只满足了第一个条件。

如果制定规则：只有连续将皮球拍起来才被计数，拍不起来计数停止，这就满足了第二个条件。

如果再规定：只有连续拍起 100 次皮球才算胜利，这样便满足了第三个条件。

于是，这样的一种拍皮球的活动才能算是"游戏"。

仔细观察一下，按照这个标准，生活中有哪些活动属于游戏呢？

 ## 练习题

判断题：

① 所有的体育比赛都是游戏。（　　　）

② 人生就是一场游戏。（　　　）

第2讲

人们为何乐于玩游戏

本讲知识点

（1）游戏的特征。
（2）游戏的作用。
（3）游戏的价值。

仔细想想，玩游戏其实也是很辛苦的，特别是玩大型的电子游戏。

玩游戏不仅是一种脑力劳动，而且还是一种体力劳动。在游戏中要绞尽脑汁设计成功策略，甚至还要与其他玩家配合才能达成目标。与此同时，还要长时间地做重复性的操作，身体和精神都会处于高度亢奋和紧张之中。

游戏研究员尼克·伊认为，大型多人在线游戏是假装成游戏的大型多人工作环境。他指出："计算机是制造出来为我们工作的，但电子游戏逐渐要求我们为它们工作。"

玩游戏如此辛苦，人们为何还会乐在其中呢？

其实原因很简单，游戏让人们积极乐观地做一件自己擅长并享受的事情。玩游戏激活了我们与快乐相关的所有情绪：快乐、热爱、敬畏、自豪、释然等，这也正是当今最成功的电子游戏让人如此沉迷和亢奋的主要原因。

总结起来，游戏有四大决定性特征，也是在未来的游戏设计中首先要考虑的：

主动参与：一般来讲，没人要求玩家必须玩游戏，而恰恰相反，要求玩家不要玩游戏却很难。

激励反馈：在游戏中玩家可以经常性地获得鼓励和激励，他的每一个小小的正确性的操作，都会得到奖赏。

规则清晰：游戏中的胜负规则、对错判断非常清晰，很少有模棱两可的状态发生。

目标明确：游戏的胜利目标明确，而且让人们最开始就知道。

游戏的这些特征往往是现实生活中经常缺失或较难获得的。

也许我们会认为以游戏的方式重新改造现实生活，是一个不错的选择。从客观方面来说，人类必须找到享受世界和生活的方法。于是，一种游戏化的思潮悄然兴起。

这是一种用游戏的理念去设计现实活动的想法：让人们的工作更有趣、经常获得鼓励并更有把握获得成功；让人与人之间有更强的社会联系，让人们的生活有明确的奋斗目标和更宏大的生活意义，这才是游戏的最高价值。

伟大的德国诗人席勒（见图 2.1）在他的《美育书简》中写道："只有当人充分是人的时候，他才游戏；只有当人游戏时，他才完全是人。"

席勒认为，人类的艺术活动是以审美为外观的游戏冲动，席勒把游戏含义归结为摆脱一切强制的自由，只有人处在审美的游戏状态时，才真正地将自己同自然分开，并反观于自然。

■ 图 2.1　德国诗人席勒

 ## 练习题

（1）讨论题：

① 玩游戏对人来说有何种积极的作用？

② 玩游戏对人来说有何种消极的作用？

③ 我们有理由沉迷于电子游戏中吗？

（2）设计题：对人类的某一种现实的活动做一个游戏化的设计。

第 *3* 讲

电子游戏行业是如何发展起来的

 本讲知识点

电子游戏行业发展简史。

可以这样说，人类已经进入电子游戏时代。

虽然电子游戏是一个创造快乐的行业，但它的发展并不轻松。

1958 年，当时隶属于美国能源部的布鲁克海文国家实验室正在承担着重要的国家项目，但其中负责计算机工程的物理学家威利·希金博特姆（William Higinbotham）博士却有一些其他想法。在美国，部分国家实验室是向公众开放的，为了让来访者能在实验室多驻留一段时间，以便更多地关注他们的研究成果，威利·希金博特姆博士决定做一个有交互作用的东西以吸引来访者。于是，他制作了一个名为 *Tennis for Two* 的小游戏，如图 3.1 所示。该游戏可以让来访者通过自己的操作来改变示波器中小球的运动，最终完成网球比赛。

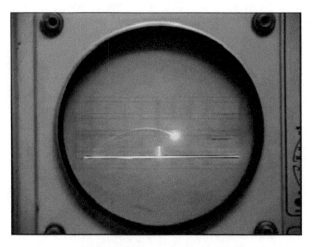

■ 图 3.1　*Tennis for Two* 游戏

　　这个不经意的小创意，确实起到了非凡的效果，以至于来访者对实验室的其他成果失去了兴趣，都在排队等待玩这款电子小游戏，从此"电子游戏"这个名词不胫而走，并登上了历史舞台。

　　在此之后，美国加利福尼亚电气工程师诺兰•布什内尔（Nolan Bushnell）捕捉到了电子娱乐的前景。1971 年，他根据自己编制的游戏 *Space Impact*（空间大战）设计了世界上第一台商用电子游戏机——*Computer Space*（电脑空间），如图 3.2 所示。

　　为了验证这款游戏机受欢迎的程度，布什内尔将其摆在一家娱乐场中，遗憾的是，并没有多少人关注它。

　　但布什内尔并没有灰心，他在 1972 年 6 月 27 日和他的朋友特德•达布尼（Ted Dabney）用 500 美元注册成立了一家公司，这就是世界上第一个电子游戏公司——雅达利（Atari）。

■ 图 3.2　Computer Space 游戏机

　　1973 年，雅达利设计了一个简单的游戏——*Pong*，取得很大的成功，并顺势把该游戏制成了街机（见图 3.3），摆在加利福尼亚的一家酒吧中，没过两天，老板打电话告诉他那台所谓的"电子游戏机"坏了，让他前去修理，布什内尔火速赶往酒吧，拆开了机壳，意外地发现投币箱全被硬币塞满，这款游戏机被"撑"坏了。

　　随后，越来越多"山寨"雅达利和 *Pong* 出现，不过这同时也推动了视频游戏行业的繁荣。1975 年，雅达利推出了 *Pong* 家庭版。

　　1976 年，视频游戏引发争议。因暴力内容，街机游戏 *Death Race* 被美国国家安全委员会批评为"粗鄙不已"，导致其销量只有 1 000 份。

■ 图 3.3　*Pong* 游戏

1977 年，雅达利推出了具有开创性的家用游戏机 2600，成为家用游戏机的标准。它拥有能存储游戏信息的暗盒，还配有摇杆。

1978 年，日本游戏发行商 Taito 推出 *Space Invaders* 游戏，如图 3.4 所示。这款游戏先在日本推出，后又登陆美国。到 1980 年，*Space Invaders* 登陆雅达利 2600 游戏机，并在其生命周期中创下了 5 亿美元营收的佳绩。

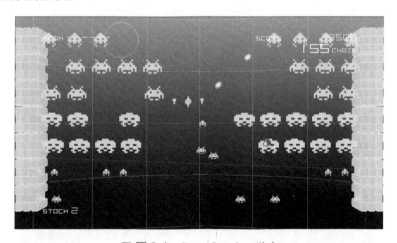

■ 图 3.4　*Space Invaders* 游戏

1979 年，四名前雅达利员工创建了全球第一家独立游戏开发公司动视暴雪。

1980 年，日本游戏开发商南梦宫（Namco）开发了一款名叫《吃豆人》的游戏，如图 3.5 所示。刚一发布便引起了不小的轰动，上市的前 15 个月销量达到 10 万套，创下了 10 亿美元的营收佳绩。

它是第一款支持雅达利游戏机的游戏，后被改编为同名动画片。不仅如此，它还为后来的许多游戏奠定了基础，最重要的是因它而出现了第一个根据游戏人物而生产的玩偶。

■ 图 3.5　《吃豆人》游戏

　　1984 年，史上最经典游戏《俄罗斯方块》诞生，如图 3.6 所示。它是由苏联的阿莱克谢•帕基诺夫（Alexey Pajitnov）开发的。但是，当时的苏联不允许游戏开发者独立发行视频游戏，所以他不得不将游戏专利交给了苏联政府。1988 年，Henk Rogers 买下了《俄罗斯方块》专利，并将其带到了日本。在日本，他说服任天堂高管购买并发行了这款游戏。

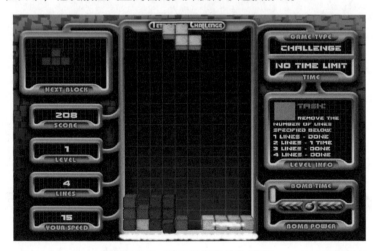

■ 图 3.6　《俄罗斯方块》游戏

　　1985 年，日本游戏公司任天堂推出红白机 NES。这是一款 8 位游戏机，更棒的图形效果、更流畅的运行速度和更悦耳的音响，让 NES 获得了美国消费者的一致认可。NES 很快成为最畅销的游戏机。

　　还有一款耳熟能详的游戏《超级马里奥》（见图 3.7），也出现在 1985 年，任天堂的 FC 游戏机带着它出征美利坚，当即成为当时最受欢迎的电视游戏。后来成为许多美国电影、电视和漫画书的中心人物，使美国儿童花在任天堂游戏机上的时间比看电视的时间还要多。

■ 图 3.7　《超级马里奥》游戏

　　1987 年，日本的另一家游戏公司科乐美（Contra）推出了游戏《魂斗罗》，如图 3.8 所示。它的故事背景是根据著名恐怖片 *Alien*（异形）改编，人物原型来源于著名影星施瓦辛格和史泰龙。游戏名称的含义是"具有优秀战斗能力和素质的人"，它是赋予最强战士的称呼。FC 上的两部《魂斗罗》影响了整整一代游戏玩家，在当时与《超级马里奥》齐名，几乎成为 FC 时代电子游戏的代名词。

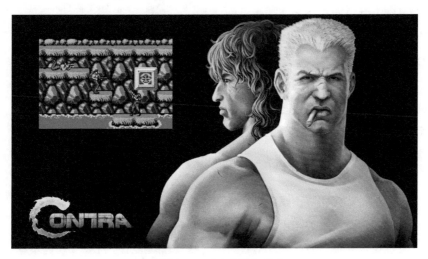

■ 图 3.8　《魂斗罗》游戏

1991 年，日本游戏公司世嘉推出了在 Genesis 游戏机上运行的游戏《刺猬索尼克》（见图 3.9），大受欢迎。以刺猬索尼克为主人公的电子游戏曾在多个平台发表，总累计销量已经超过了 3 500 万套。

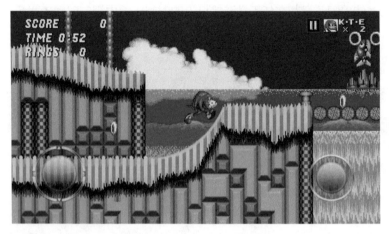

■ 图 3.9　《刺猬索尼克》游戏

为了与世嘉 Genesis 游戏机竞争，任天堂推出了 16 位游戏机 Super NES。在《超级马里奥》《塞尔达传说》《大金刚》等游戏的帮助下，Super NES 逐渐在与世嘉 Genesis 的竞争中占据了上风。

1993 年，一个名不见经传的"小公司"Id Software 上传了一个 2 MB 的文件，就是这个区区

2 MB 的文件彻底改变了游戏产业的历史，它就是历史上第一款 FPS（第一人称射击游戏）——DOOM（毁灭战士），如图 3.10 所示。由于 DOOM 最初是作为免费游戏发行的，在极短的时间内，该游戏就占领了所有的 FTP 服务器，并迅速在全球范围内风靡开来，从此开启了第一人称射击游戏时代，也创造了有史以来第一次 PC 游戏浪潮。但随后《真人快打》等同类游戏的发布，给不少孩子的父母造成了很大的担忧，他们开始担心游戏机和游戏是否会对孩子的成长造成不良影响。到 1994 年，在公众和监管机构的压力下，世嘉和任天堂结成"娱乐软件分级部门"来提供视频游戏的评级。

1994 年，美国的游戏公司暴雪娱乐推出了风靡全球的战略游戏《魔兽争霸：人类与兽人》，如图 3.11

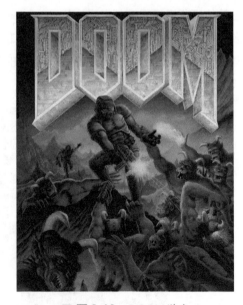

■ 图 3.10　DOOM 游戏

所示，它是竞技游戏的发端。接下来数年时间里，暴雪陆续推出了几款《魔兽争霸》作品，该系列在很长一段时间内一直是全球最流行的视频游戏。

■ 图 3.11　《魔兽争霸：人类与兽人》游戏

1995 年，世嘉推出了首款 32 位游戏机 Saturn。同年，索尼发布第一代 PS 游戏机。因为多数 PS 游戏是 3D 游戏，且支持磁盘，对玩家来说更实惠的 PS 游戏机很快在销量上超越了世嘉的 Saturn 游戏机。《GT 赛车》和《生化危机》是 PS 游戏机上最受欢迎的游戏。

1996 年，任天堂在发布了支持 3D 游戏的 64 位游戏机，并带来《超级马里奥》和《塞尔达传说》新作，以及新《詹姆斯邦德》系列。

上面提到的游戏《生化危机》是日本的另一家游戏公司 CAPCOM 推出的，如图 3.12 所示。该游戏自首次推出后立刻引起巨大反响，一举成为以丧尸等恐怖元素为主题的游戏中最具影响力的代表作品。除了电玩游戏之外，生化危机系列还衍生出了漫画、小说、好莱坞电影等多种改编作品。

■ 图 3.12　《生化危机》游戏

1996 年，西木（Westwood）公司开发并发行了游戏《红色警戒》，如图 3.13 所示。游戏发行至二代的"尤里的复仇"后西木被美国艺电游戏公司（Electronic Arts，EA）收购后解散，EA的子公司 EALA 对其继续进行了开发。该游戏原本作为《命令与征服》（C&C）系列的前传开发并发行的，后来单独成为一个系列。

■ 图 3.13　《红色警戒》游戏

1997 年，由全效工作室开发、微软游戏工作室发行了电脑游戏系列包括《帝国时代》及其资料片《帝国时代：罗马复兴》《帝国时代Ⅱ：帝王世纪》及其资料片《帝国时代Ⅱ：征服者》《帝国时代Ⅲ》及其资料片《帝国时代Ⅲ：酋长》和《帝国时代Ⅲ：亚洲王朝》等，如图 3.14 所示。

■ 图 3.14　《帝国时代》游戏

1998 年，暴雪娱乐又推出了《星际争霸》，如图 3.15 所示。它是一款著名的即时战略游戏。截至 2009 年 2 月，《星际争霸》在全球范围内售出超过 1 100 万套，是 PC 平台上销量最高的游戏之一。

■ 图 3.15　《星际争霸》游戏

1998 年，Valve 推出了《反恐精英》，如图 3.16 所示。游戏最初是 Valve 旗下游戏《半条命》（Half-Life）的其中一个游戏模组，由 Minh Le 与 Jess Cliffe 开发。后该模组被 Valve 收购，两名制作人则在 Valve 公司继续工作。目前系列已有五部《半条命：反恐精英》《反恐精英》《反恐精英：零点行动》《反恐精英：全球攻势》《反恐精英：起源》。玩家被分为恐怖分子和反恐精英两队，在地图上进行多回合战斗，完成对应的任务或杀死全部敌人。

■ 图 3.16　《反恐精英》游戏

1999 年，世嘉发布了第一款支持在线游戏的 Dreamcast 游戏机，这也是世嘉公司的最后一款游戏主机产品。后来，在索尼、任天堂及微软的竞争压力下，世嘉转型成为第三方游戏软件开发商。

2000 年，索尼公司发布了 PS2 游戏机。PS2 的处理器是 128 位，其图形显示效果胜过一般的 PC 和 DVD。PS2 平台上的《侠盗猎车手》也成了全球最热门的游戏。

2001 年，微软公司发布 Xbox 游戏机。Xbox 游戏机集成了 PC 技术，带有以太网端口，内置 8 GB 硬盘，还能运行 DVD 格式游戏。Xbox 平台上的游戏以《光环》为代表。第二年，微软推出了帮助全球玩家互动的 Xbox Live 平台。

2005 年，微软公司发布了第二代游戏主机 Xbox 360。

2006 年，任天堂发布了 Wii 游戏机。任天堂对 Wii 的定位是"让玩家更多地参与进游戏中去"，除了游戏爱好者外，这款游戏机也针对那些通常并不愿意承认自己是游戏玩家的户外一族。到 2009 年，任天堂 Wii 的销量几乎达到了索尼 PS3 的两倍。

2006 年，索尼发布了 PS3 游戏机，与微软展开正面交锋。PS3 不仅支持播放蓝光碟片，还具备音乐和视频流媒体的功能。

但是，无论是索尼的 PS3 游戏机还是任天堂的 Wii 游戏机，其销量都没有超过微软的 Xbox 360，这在很大程度上应归功于《光环 3》游戏。

《光环 3》游戏是一款第一人称射击游戏（见图 3.17），出品于 2007 年。它与前作相比有更高的解析度，画面看起来更干净。玩家可以在 Xbox 360 上进行多达 4 人的合作过关，随着更多真实玩家的介入，团队的配合以及衍生出的战术变得更加灵活多变。多人连线对战中所常用的团队合作技巧也能更好地融入到单人战役模式之中，从而让玩家获得更丰富有趣的游戏体验。

■ 图 3.17　《光环 3》游戏

2008 年，苹果上线 App Store。苹果应用商店的成立为移动游戏开发者和消费者创造了更多的机会。第二年，大量移动、社交游戏登陆 App Store，诸如《愤怒的小鸟》（见图 3.18）之类的游戏引爆全球。

■ 图 3.18　《愤怒的小鸟》游戏

2008 年，Five Minutes 推出了《开心农场》，如图 3.19 所示。该游戏是一款以种植为主的社交游戏，一时间，身边的人为了"偷菜"不眠不休，为了"防盗"更是时刻警惕，以至于成为当时一个最热门的游戏。

■ 图 3.19　《开心农场》游戏

2009 年，PopCap 推出了《植物大战僵尸》，如图 3.20 所示。它是由 PopCap Games 为 Windows、Mac OS X、iPhone OS 和 Android 系统开发，并于 2009 年 5 月 5 日发售的一款益智策

略类塔防御战游戏。

■ 图 3.20 　《植物大战僵尸》游戏

2013 年，微软公司推出整合了云和电视直播功能的 Xbox One 游戏机，该游戏机还集成了语音助理，配套的 Kinect 体感装置也得到了改进。

同年，不甘示弱的索尼也发布了新一代游戏主机 PS4。PS4 主打社交分享和智能手机连接这两个功能。随后，PS4 超越 Xbox One，成为 2014 年最畅销的游戏主机。

 练习题

简答题：

① 您喜欢玩哪款游戏（不仅限于本讲介绍的游戏），为什么？

② 您认为还有哪些游戏可以载入史册？

本讲视频教程地址

第4讲

未来游戏是什么样子

▼ **本讲知识点**

（1）体感交互技术。
（2）虚拟现实技术。
（3）增强现实技术。

未来的游戏是什么样子？现在谁也不知道，但是根据当今技术的发展，我们猜测有三类技术可能引领游戏产业的未来发展方向。

1. 体感交互技术

体感交互技术就是利用体感设备实现人机交互的技术。这样的一种游戏实际上已经出现了，如 Xbox 等主机上都有体感交互游戏，一改以往只用鼠标和键盘来玩游戏的状况，玩家可以通过身体的动作与运动和游戏中的角色进行交互，这一方面可以锻炼身体、愉悦心情，同时也可以加深玩家在现实空间中的交流，以及家庭成员之间的互动，使家庭成员之间更加和睦，所以是一个非常好的游戏方式，如图 4.1 所示。

■ 图 4.1　体感游戏

2. 虚拟现实技术

虚拟现实（Virtual Reality，VR）技术是一种利用计算机创建 3D 虚拟环境的技术，它可以为用户提供全方位的立体体验，使用户完全沉浸在虚拟世界之中，并可与虚拟角色进行交互。这将是一种全新的用户体验，游戏玩家仿佛真正深陷游戏之中，以全方位的角度观看游戏、参与游戏，其真实感远远超出以往所有的游戏技术，如图 4.2 所示。

■ 图 4.2　虚拟现实游戏

3. 增强现实技术

增强现实（Augmented Reality，AR）技术实质上是虚拟现实技术的一个分支，但是它与传统的虚拟现实技术有很大的不同。虚拟现实技术是营造一种虚拟的环境，它把玩家与现实世界隔离开来，玩家完全沉浸在虚拟世界之中。而增强现实技术是将虚拟的游戏对象叠加到现实的环境之中，也就是玩家可以在现实的背景中与虚拟的游戏对象进行互动，如图 4.3 所示。

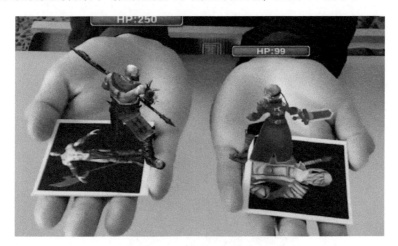

■ 图 4.3　增强现实游戏

　　层出不穷的新技术助推着游戏的发展，它们必将给我们带来全新的体验和感受，游戏会变得越来越逼真、新奇和有趣，作为游戏开发者不能忽视这些技术。

 ## 练习题

简答题：

① 您认为未来的游戏是什么样子？

② 虚拟现实技术与增强现实技术的本质区别是什么？

第 5 讲

做游戏需要遵循哪些原则

 本讲知识点

（1）玩家的需求。

（2）游戏设计的思路。

（3）游戏设计的制约因素。

（4）游戏设计的基本准则。

在制作游戏之前，要认真想一想游戏应该做成什么样子，哪些地方是吸引玩家的关键所在，采用什么样的方式可以营利，最好把它写下来，这就是所谓的游戏设计文档。

首先我们要了解玩家的心理，知道他们需要什么。概括起来说，玩家无非有以下四种需求：

1. 玩家的需求

（1）体验

在现实生活中不易体验或者体验不到的东西，玩家最想体验。例如，让自己变成一位伟大的斗士，从而体验做英雄的感觉。

（2）挑战

为了满足自我实现的需求，玩家并不愿意玩没有难度、没有挑战的游戏，因为它们激不起玩家的斗志，满足不了自我实现的心理。玩家是想通过游戏证明自己比别人有能力。

（3）交流

人是一种社会性动物，每个人都需要交流，要在游戏中创造玩家与玩家、玩家与其他角色之间的交流机会，使他不再孤独且有一种安全的归属感。

（4）荣誉

人也是一种自傲的生物，总是希望能够被尊重，所以要让玩家在游戏中获得荣誉，让他为自己感到自豪，并有机会和渠道将这种自豪感分享给他人，从而获得别人的尊敬。

2．游戏设计的思路

接下来是设计游戏。设计游戏有以下几个思路：

（1）按类型进行设计

如果已确定要开发某一类型的游戏（如开发一款射击类游戏），就要围绕这类游戏做所有的准备工作。首先要确定游戏实现的目标水平，这关系到选择什么样的技术手段和技术平台，然后给游戏设定一个背景故事（如果需要的话），让玩家玩游戏时产生情景感。

（2）按技术进行设计

如果已确定使用某种技术，如虚拟现实技术或增强现实技术，想充分表达这种技术的特点和可能性，就要以实现这些技术特点为主线设计游戏。然后再确定游戏的类型或风格，最后确定故事题材。

（3）按故事进行设计

如果要以某一故事作为游戏发展的主线，那么首先确定其故事题材，然后再确定游戏的类型或风格，最后再确定用什么技术来实现它。

3．游戏设计的制约因素

不管选择哪种设计思路，都要考虑开发游戏的制约因素：

（1）技术上的制约。如引擎质量、技术人员水平、计算机处理能力等，包括开发用机的处理能力和玩家用机的处理能力。

（2）工作量上的制约。如项目开发时间、游戏复杂程度、资金支持能力等诸多方面的限制。

（3）机制的制约。不管怎样，设计游戏时要做到"隐藏内核，友好交互，渲染效果。"这是游戏设计的基本模型。

4．游戏设计的基本准则

所以，设计游戏时要记住以下基本准则：

（1）决定游戏成功与否的关键永远不是游戏的外部效果，而是游戏的内核。

（2）故意设置障碍，使玩家在解除障碍时产生解脱感和兴奋感。

（3）采取渐进发展的行为模式，用悬念对抗玩家的经验，使其尽可能长地具有挑战性。

 练习题

简答题：游戏设计时应该考虑哪些因素？

本讲视频教程地址

第*6*讲

Unity 能做什么

▼ 本讲知识点

（1）Unity 是一个交互设计平台。

（2）Unity 是一个跨平台的软件。

Unity 不仅能做 3D 游戏，也能做 2D 游戏。在全球范围内，Unity 占据全功能游戏引擎市场 45% 的份额，居全球首位。

例如，大家比较熟悉的《神庙逃亡 2》（见图 6.1）、《捣蛋猪》《天天飞车》《暗影之枪》等都是用 Unity 软件开发的。

■ 图 6.1　神庙逃亡 2

　　不仅如此，Unity 还可以开发所谓的严肃游戏。如虚拟实验、虚拟校园、虚拟手术、虚拟军事训练、虚拟机械拆装等虚拟现实或增强现实的产品，如图 6.2 所示。

■ 图 6.2　冲击电压发生器虚拟实验

准确地说，Unity 应该被称为专业的虚拟交互式引擎。

相比于其他引擎，Unity 最大的特点是其多平台开发。在最新的版本中，可以支持包括 Windows、Mac OS X、iOS、Android、PlayStation 3、PlayStation 4、PlayStation Vita、Xbox 360、Xbox ONE、Wii U、Windows Store、Windows Phone、Oculus Rift、Gear VR、Web GL 和 Web Player 等在内的 23 个平台，用户只须进行一次开发，便可以发布至以上所提到的主流平台中。

Unity 软件何以有这么大的能耐？下面来看看 Unity 编辑器都具有哪些功能。

打开 Unity 编辑器，就会看到一个三维的编辑窗口（Scene，场景），里面有一个具有纵深感的 3D 网格、一个 3D 坐标轴工具、一个平行光源和一个摄像机，这都是做 3D 游戏所必须的开发工具。

它还设置了一个 GameObject(游戏对象) 菜单，其中有 3D Object(三维游戏对象)、2D Object(二维游戏对象)、Light（灯光）、Audio（声音）、UI（用户界面）、Particle（粒子系统）等制作游戏元素的工具。

还有一个 Component（组件）菜单，里面有 Physics（物理引擎）、Physics 2D（二维物理引擎）以及天空盒等。

用户还可以在 Assets（资源）菜单下导入地形、树木、水等环境资源，这些都是游戏开发所必要的。

不仅如此，Unity 5.x 还有 C#、JavaScript 二种脚本语言用于游戏开发，同时也支持几乎所有的美术资源文件格式。

这一切都为我们进行游戏开发提供了便利，所以 Unity 全球注册开发者人数已超过 450 万，日活跃率高达 30%。我国前 20 名的游戏公司都在使用 Unity 进行项目开发，使用 Unity 的开发者遍及全国 200 多个城市，约 60% 针对移动端开发、40% 针对 PC 端开发。

 ## 练习题

简答题：

① 除了本讲介绍的，还有哪些游戏是用 Unity 引擎制作的？

② 您希望 Unity 应该具有什么样的功能？

本讲视频教程地址

第 7 讲

如何获取和安装 Unity 软件

▼ **本讲知识点**

（1）Unity 软件的下载地址。

（2）Unity 软件的安装步骤。

无论用户计算机是 Windows 系统环境还是 Mac OS X 系统环境，都可以在 Unity 的官方网站上获取相应的 Unity 编辑器。

下面以 Windows 操作系统环境为例介绍 Unity 软件的下载与安装。

首先打开网页浏览器，在地址栏中输入 Unity 官方网址 "http://unity3d.com"，按【Enter】键打开 Unity 官网主页，如图 7.1 所示。

在此主页上会看到一个 "获取 Unity 5" 的超链接，单击该链接进入 Unity 5 的获取页面，如图 7.2 所示。

■ 图 7.1　Unity 官网主页

■ 图 7.2　Unity 5 的获取页面

在此下载页上，可以看到 Unity 公司给独立开发者或者工作室提供的 Unity 引擎，以及给企业提供的解决方案、给教育行业提供的教育支持，也对其他行业提供一些技术支持，如图 7.3 所示。

在"独立开发者和工作室"标签中，有 Unity 软件的免费下载项和付费下载项。免费下载项中不提供"可定制启动画面"等功能（见图 7.2）。但在学习中使用免费版已经足够，单击"免费下载"超链接，便进入 Unity 5 的下载页面，如图 7.4 所示。

■ 图 7.3 Unity 用于教育领域页面

■ 图 7.4 Unity 5 下载页面

单击"下载安装程序"超链接，把 Unity 安装引导程序下载到桌面上，打开引导程序开始安装，如图 7.5 所示。

单击"Next"按钮进入 License Agreement（许可协议）对话框（见图 7.6），阅读协议内容确认无误后勾选"I accept the terms of the License Agreement"复选框；单击"Next"按钮，进"Choose

Components"（组件选择）对话框（见图 7.7），选择开发时要用到的组件，如果不知道将来要用到哪个组件，可选择全部组件。

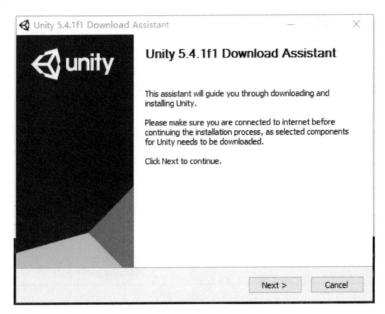

■ 图 7.5　Unity 安装对话框

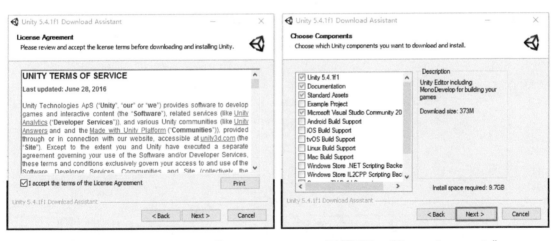

■ 图 7.6　"License Agreement"　　　　■ 图 7.7　"Choose Components"

（许可协议）对话框　　　　　　　　　（组件选择）对话框

　　单击 "Next" 按钮，进入 "Choose Download and Install Locations"（选择安装路径）对话框，如图 7.8 所示，选择安装目录。

　　单击 "Next" 按钮，进入到安装 Visual Studio 2015 软件及其工具的对话框，勾选 "I accept the terms of the License Agreement" 复选框，同意协议，依次单击 "Next" 按钮，继续安装，如图 7.9 和图 7.10 所示。

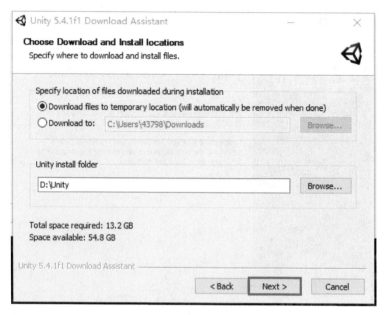

■ 图 7.8　"Choose Download and Install Locations"（选择安装路径）对话框

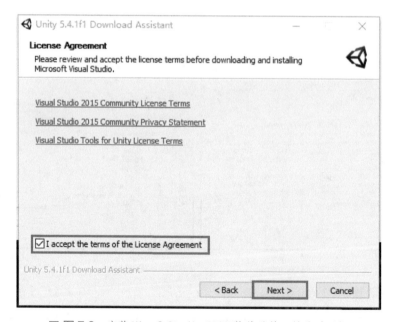

■ 图 7.9　安装 Visual Studio 2015 软件及其工具的对话框

　　安装过程中会安装 Visual Studio 2015，因为在 Unity 的编程过程中会使用到该编程环境，如图 7.11 所示。

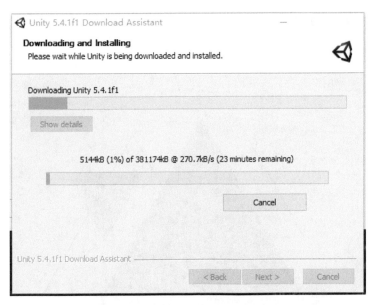

■ 图 7.10　Unity 安装过程的对话框

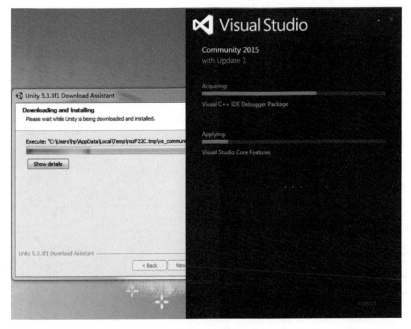

■ 图 7.11　安装 Visual Studio 2015

安装完成后，重新启动计算机，Unity 软件即安装成功，可以开始使用了。

 ▼ 练习题

操作题：下载 Unity 5.0 以上的版本，并安装到计算机上。

第 8 讲

如何创建 Unity 工程

　　所有基于 Unity 开发的项目都是一个工程。双击桌面上的 Unity 图标，打开 Unity 软件的欢迎界面，如图 8.1 所示。

　　在此界面上有两个选项：一个是 New project（新建项目），另一个是 Open project（打开项目）。因为是第一次使用，所以选择新建项目，进入 "New project" 界面，如图 8.2 所示。

　　可以选择 2D 项目或者 3D 项目，也可以修改项目名称和项目存储的位置。在默认状态下，默认的项目名称为"New Unity Project 1"（新的 Unity 项目 1），存储的位置位于"库"→"文档"目录中。可以修改这两项，针对开发的项目起一个名字，同时也将自建的项目存放到自己设定的文件夹中，有助于对项目的管理，如图 8.3 所示。

■ 图 8.1　Unity 软件的欢迎界面　　　　　　■ 图 8.2　"New project"界面

这里讨论一下什么是工程。工程就是一个独立的项目，从项目动工开始，后面的所有内容加在一起称为工程。学过计算机编程的读者都知道，像 C++ 这样的编程语言做出来的东西也称为工程，C++ 有一个工程文件，单击这个文件，可以加载工程中的所有内容，这个文件是一个引导文件，并不是工程本身；而 Unity 的工程没有引导文件，它的工程是一个文件夹，所有的内容都在创建的工程文件夹中。

以上操作完成之后，选择自建的文件夹，然后单击"选择文件夹"按钮，返回图 8.2，单击"Create"（创建）按钮，Unity 开始创建工程。创建完成后，便可看到 Unity 的编辑环境，如图 8.4 所示。

■ 图 8.3　改变项目的名称和路径

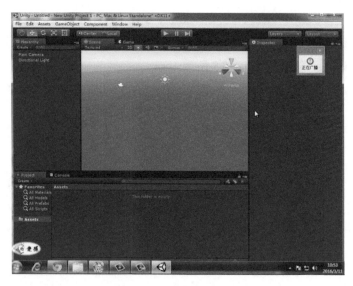

■ 图 8.4 Unity 的编辑环境

Unity 的编辑环境可分如下几个部分：

（1）中间的 Scene 是场景窗口，其中，有一个摄像机和一个光源，还有坐标轴，这是几个基本元素。

（2）Game 视窗是游戏运行时的环境。

（3）Hierarchy 是层级面板，其中的游戏物体在 Scene 视窗中都会显现，比如摄像机和那个光源。

（4）Project 是工程面板，单击"Assets"（资源）文件夹，可以在右面看见文件夹中的内容。

（5）Inspector 是检视面板。例如，单击"Hierarchy"面板中的光源，可以在"Inspector"面板中看到该光源的所有组件。

Unity 的布局是可以改变的，如图 8.5 所示，在"Window"菜单中，选择"Layouts"命令，可看到多种布局方式。

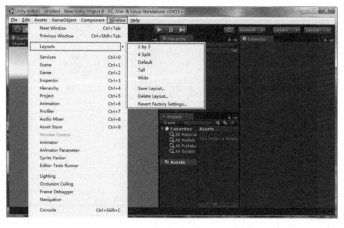

■ 图 8.5 Unity 的布局方式

我们选择"Tall"命令，并将"Game"视窗拖至界面的下部，这样看到 Scene 场景和 Game 场景便同时可见，如图 8.6 所示。

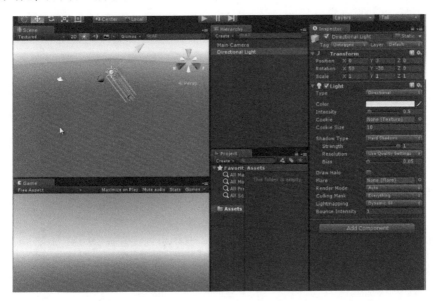

■ 图 8.6　Unity 的另一种布局

其实，各个面板都是可以拖动的。如果发现某个面板找不到了，可以重复上面的操作，进行重新布局即可。

Unity 工程创建后，第一件要做的事是存储场景。单击"File"（文件）→"Save Scene"（存储场景）命令，保存其场景，如图 8.7 所示。

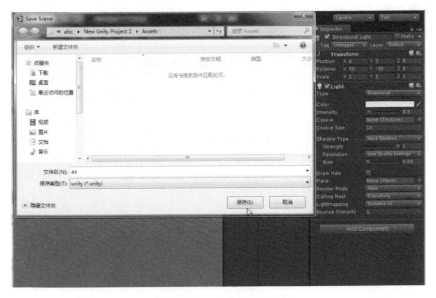

■ 图 8.7　保存场景界面

保存场景文件之后，在"Project"面板下的"Assets"文件夹中，会看到该场景文件，如图 8.8 所示。

■ 图 8.8　Assets 文件夹下产生一个场景文件 as

双击之前在硬盘上创建的工程文件夹，可看到里面还有四个文件夹，分别是 Assets 文件夹、Library（库）文件夹、ProjectSettings（项目设置）文件夹和 Temp（临时）文件夹，如图 8.9 所示。其中，Temp 文件夹会在 Unity 项目关闭后消失；ProjectSettings 文件夹和 Library 文件夹是系统自带文件夹，其中的内容不可自行修改；而 Assets 文件夹与 Unity 编辑环境中的"Project"面板中的"Assets"文件夹是对应的，里面存放着对应的文件。无论将外部文件放到 Unity 编辑环境中"Project"面板中的"Assets"文件夹，还是放到硬盘上的资源文件夹中，其作用是一样的，但我们经常会用前一种方式存放文件，因为这样更直观，毕竟是在 Unity 的编辑环境下制作游戏。

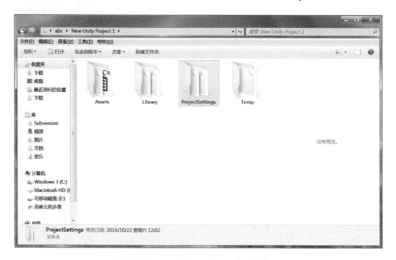

■ 图 8.9　硬盘上的工程文件夹

　　但是，有一件事情经常会引起我们的疑惑，就是在场景中看到的主摄像机和平行光源等游戏对象在资源文件夹中是没有的，这是为什么呢？

　　因为这些游戏对象还不是以文件的形式存在，若让它们变成文件，可以用鼠标左键按住"Hierarchy"面板中相应的游戏对象，然后拖放到"Project"面板中的"Assets"文件夹中，这样它便形成预制件（prefab），如图 8.10 所示。预制件是个文件，它的作用就像一个模板，可以反复将其拖放到场景中而产生相应的游戏对象。针对大量重复出现的游戏对象，这是一个比较好的建立方法，因为这样做比较节省资源。

■ 图 8.10　创建预制件

 ## 练习题

　　简答题：如果在工程中创建一个预制件，然后在硬盘上的工程文件夹中删除此预制件，会发生什么事件？

本讲视频教程地址

第9讲

如何操作 Unity

 ## 本讲知识点

Unity 引擎的操作方法。

本讲介绍 Unity 的基本操作方法。

首先在创建好的 Unity 工程中生成一个游戏对象，作为操作的参照物体。单击"GameObject"（游戏对象）→"3D Object"→"Cube"命令，便在场景中创建了一个立方体，如图 9.1 和图 9.2 所示。

下面对 Unity 场景及其游戏对象进行讲解：

1）快捷工具栏

该工具栏中的工具用于场景视窗中的操作。自左向右依次是：变换工具、选择工具、旋转工具、缩放工具和 UI 定位工具。

（1）选择变换工具时，便可利用鼠标左键移动场景，上下左右均可移动。如果此时再按住【Alt】

键，会看到场景跟随鼠标以场景中心为轴进行旋转。

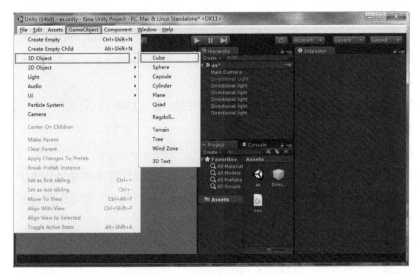

■ 图 9.1 单击 "Cube" 命令

■ 图 9.2 创建的立方体

（2）选择选择工具时，可以在场景中选择某一个物体，并用鼠标拖动其身上的坐标轴，使其跟随鼠标移动，同时也会发现 "Inspector"（检视）面板 "Transform"（变换）组件中的 "Position"（位置）坐标会发生变化，这说明此物体在场景中的位置确实被改变了。

（3）选择旋转工具时，被选中的物体上会附着一个旋转工具球，用鼠标拖动工具球上的旋转线时，物体会随之旋转，同时也会发现 "Inspector" 面板 "Transform" 组件中 "Rotation" 后面的数据也在发生着变化，这说明该操作确实使被选物体旋转了。

（4）选择缩放工具时，可对被选物体在 x、y、z 三个方向上进行缩放，此时"Inspector"面板"Transform"组件中"Scale"（比例）后面的数据也会发生变化，这说明该物体的大小被改变了。

（5）选择 UI 定位工具时，会发现被选物体上会套上一个有控制点的四边形，可以利用鼠标拖动使其移动、缩放和旋转，其实它相当于前几个工具的一个集合工具，是 Unity 5 新增加的工具。

2）方向键

键盘上的方向键可以作为场景视窗中的漫游控制键，【↑】键可以向前行、【↓】键可以倒退、【←】键可以向左走、【→】键可以往右走。

3）鼠标滚轮

如果想使场景放大或缩小，可以利用鼠标滚轮来实现，滚轮向前滚使场景放大、滚轮向后滚使场景缩小。但这种操作并没有使场景真正放大或缩小，它只是将对准场景的摄像机推进和拉远而已。

4）鼠标中键

鼠标中键也就是鼠标滚轮，按住它（而不是滚动它）移动时，可以平移场景。

5）鼠标右键

按住鼠标右键移动鼠标，可以进入飞行模式，用以拖动和旋转场景。如果同时按住【Alt】键，可缩放场景。另外，鼠标右键 +【W】【S】【A】【D】【Q】【E】键，可前、后、左、右、上扬、下探改变场景。

如果场景中的 Cube 被移走了，如图 9.3 所示，如何才能找回来呢？用上述的方法一点一点找？当然可以，但还有更简便的方法：

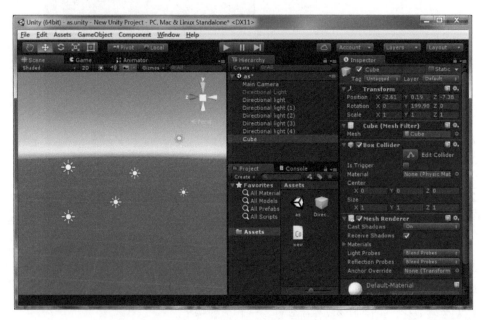

■ 图 9.3　立方体被移走的场景

方法一：单击"Hierarchy"面板中的"Cube"对象，然后将鼠标指针放到场景中，按【F】键，Cube 就会出现在场景的中心。

方法二：在"Hierarchy"面板中双击"Cube"对象，Cube 也会出现在场景的中心。

还有一个事情值得考虑，在场景中看到的景象，在"Game"视窗中不一定能看到，因为摄像机的位置和角度不同。

单击"Game Object"→"3D Object"→"Sphene"命令，再建一个球体，然后将"Game"视窗拖到"Scene"视窗下面，两个场景同时对照着看，发现球体在两个视窗中所显示的位置不一样，如图 9.4 所示。

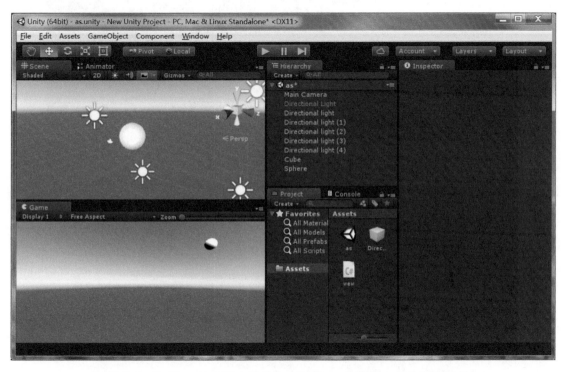

■图 9.4　从"Game"面板中看到的与从"Scene"面板中看到的场景不同

要想将两个视窗看上去一样，可以通过调整摄像机的位置和角度来实现，但还有更简便的方法：

第一步，选中"Hierarchy"面板中的"main Camera"（主摄像机）对象，单击"Game Object"→"Align with View"命令，如图 9.5 所示。它的作用是让游戏视窗对准场景视窗，也就是摄像机选择了一个角度，正面对准画面，这时再运行游戏场景，"Game"和"Scene"视窗中的球体位置是一样的了。

■ 图 9.5 将游戏视窗对齐场景视窗

以上是使用 Unity 必须掌握的基本操作方法。

 练习题

简答题：如何让"Game"视窗中看到"Scene"视窗中的游戏对象？

第10讲

如何创建游戏对象

 本讲知识点

创建游戏对象。

本讲进一步介绍有关游戏对象的相关知识。

首先打开 Unity，在 "Scene"（场景）视窗中可以看到层级面板中的游戏元素，这些游戏元素就是游戏对象，也就是说在 "Scene" 视窗和 "Hierarchy"（层级）面板中看到的东西就是游戏对象（GameObject）。

单击任意一个游戏对象，在右侧的 "Inspector"（检视）面板中呈现的是游戏对象的属性和功能，而这些属性和功能统称为组件。所有的游戏对象都是由组件组成的，如一个人的属性有年龄、性别等，他的功能是指会开车、会开飞机等。

"GameObject"（游戏对象）菜单如图 10.1 所示。

■ 图 10.1 "GameObject" 菜单

（1）Create Empty：创建空的游戏对象。它可以作为一个容器，存放其他游戏对象，也可以自身作为一个载体，配有相应的属性与功能。例如，单击此命令，就会创建一个空对象，如图 10.2 所示。虽然在场景中看不到此游戏对象，但是在 "Hierarchy" 面板中会产生一个 GameObject 名字的对象，而且在 "Inspector" 面板中可以看到它有一个组件 Transform（变换），该组件有 Position（位置）、Rotation（旋转）、Scale（缩放）等，说明它确实是一个游戏对象。

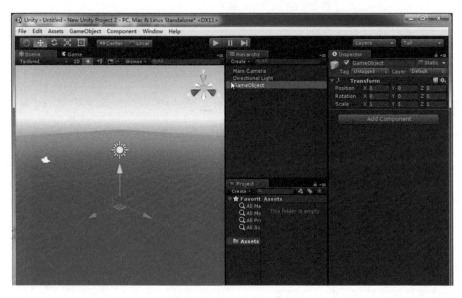

■ 图 10.2 创建空对象

如果此时我们再创建一个 Cube 物体，会在场景中看到此立方体。它可以独立存在于层级面板中，也可以被拖到空对象下，作为空对象的子对象，如图 10.3 所示。

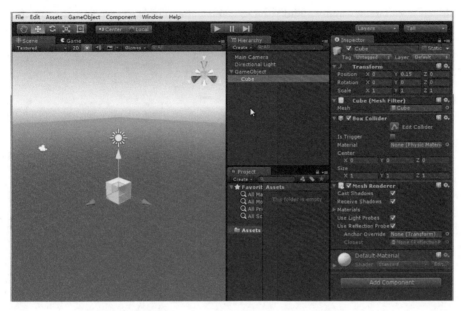

■ 图 10.3　作为空对象的子对象 Cube

再创建一个球体，用鼠标拖动它时，它会单独跟随鼠标移动，而场景中的其他游戏对象是不会移动的；如果将球体放到空物体下作为子物体，移动空对象时，其下的两个子对象都会一起移动，如图 10.4 所示。

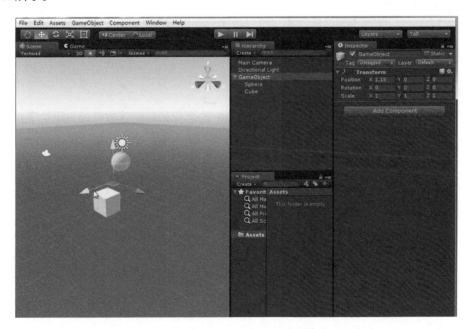

■ 图 10.4　空对象下的子对象会跟随空对象一起移动

（2）Create Empty Child：创建空的子游戏对象。应用此命令时，需要事先选择一个游戏对象。单击创建空的子对象时，先要单击层级面板中的一个对象，如 Cube，然后单击"GameObject"→"Create Empty Child"命令，会在 Cube 下面创建一个空对象，如图 10.5 所示。

■ 图 10.5　创建空的子对象

（3）3D Object：创建三维游戏对象。在它的子菜单中可以创建立方体、球体、胶囊体、圆柱体、平面、四边形等多种游戏对象。

（4）2D Object：创建二维游戏对象。可以将图片作为精灵在 Unity 中使用。

（5）Light：创建灯光。可以创建平行光、点光源、聚光灯等。

（6）Audio：创建音频。

（7）UI：创建用户界面。

（8）Particle System：创建粒子系统，在游戏中的烟花和爆炸等效果都是用粒子系统创建出来的。

（9）Camera：创建摄像机。

 # 练习题

简答题：空对象的作用是什么?

第11讲

如何搭建一个房屋

 本讲知识点

游戏对象的编辑。

本讲做一个练习，一方面是为了巩固之前学过的知识，另一方面看看能不能仅用 Unity 自带的游戏对象创建一个有形象的素材，即一座房屋。

第 1 步，在场景中创建一个立方体，作为房屋的主体。

单击"GameObject"→"3D Object"→"Cube"命令，如图 11.1 所示。然后调整其组件 Transform 中的 Scale 参数为 4、3、4，如图 11.2 所示。

第 2 步，创建一个球体，作为房上的圆拱。

单击"GameObject"→"3D Object"→"Sphere"命令，然后调整其组件 Transform 中的 Scale 参数为 2.5、2.5、2.5，如图 11.3 所示。

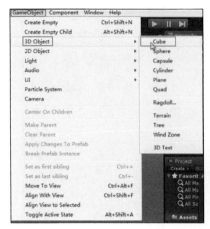  

■ 图 11.1　单击"Cube"命令　　■ 图 11.2　调整立方体的 Scale 参数　　■ 图 11.3　调整球体的 Scale 参数

第 3 步，创建一个胶囊体，作为圆拱上的尖顶。

单击"GameObject"→"3D Object"→"Capsule"命令，然后调整其组件 Transform 中的 Scale 参数为 0.1、1、0.1，如图 11.4 所示，得到图 11.5 所示的对象。

■ 图 11.4　调整胶囊体的 Scale 参数　　　　　　■ 图 11.5　构建的初步房体

若还想在房子上多建几个这样的圆拱和尖顶，需要把它们变成一个整体。具体做法是，首先创建一个空对象（见图 11.6），然后在"Hierarchy"面板中将"Sphere"和"Capsule"拖入 GameObject 空对象中（见图 11.7），把它们变成一个整体。

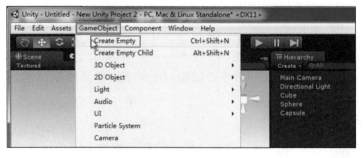 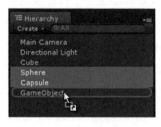

■ 图 11.6　创建一个空对象　　　　　■ 图 11.7　将球体和胶囊体放到空对象中

为了能重复使用新构建的这个整体，拖动 GameObject 到 "Project" 面板下的 "Assets" 文件夹中（见图 11.8），形成一个预制件。

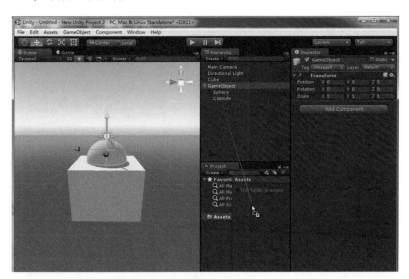

■ 图 11.8　将空对象拖动到 "Project" 面板下的 "Assets" 文件夹中

然后，将其预制件再拖回场景中，改变其 Scale 的值为 0.3、0.3、0.3，重新调整房屋主体 Cube 的大小，scale 参数值均为 6，将新的预制件放到建筑的一角上；再拖出三个预制件放在房屋的其他三个角上。为了更准确地将预制件放到建筑的四角上，可以调整摄像机，从不同的角度进行观看，如图 11.9 所示。

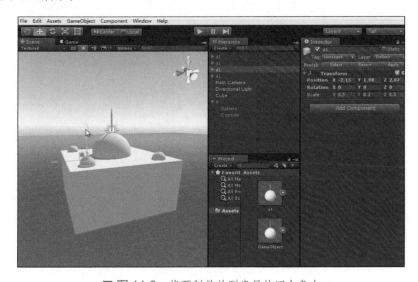

■ 图 11.9　将预制件放到房屋的四个角上

再创建一个 Cube，调整位置和大小，Scale 参数是 5、0.3、0.6，Unity 中的 Cube 默认状态下是 1×1×1 的，也就是相当于现实世界中 1 立方米，选中游戏对象，按【Ctrl+D】组合键可以快速复制，调整 Scale 参数为 5、0.6、0.6，与第一个 Cube 组合做成台阶，再复制 Cube，摆放如图 11.10 所示。

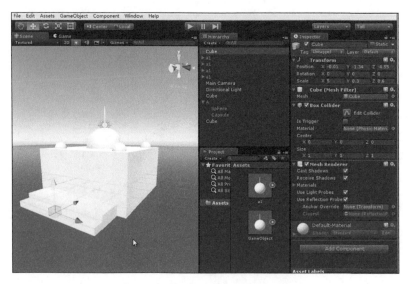

■ 图 11.10　用 Cube 制作台阶

再创建一个圆柱体，调整位置和大小，scale 为 0.2、1、0.2，做成预制件后拖到场景中，共 5 个，摆放成一排柱子，可以对每个圆柱体重命名，以方便查找。摆放后的效果如图 11.11 所示。

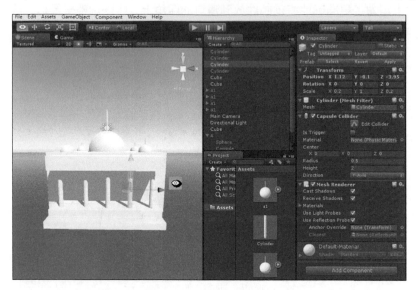

■ 图 11.11　用圆柱体做柱子

使用 Unity 下简单的游戏对象就可以建立一个类似穆斯林风格的建筑物。

再创建一个 Plane（平面），发现建筑物一半在上一半在下。把 Plane 作为水平面，创建一个空物体，将除了 Plane 之外的其他游戏物体放到空物体下，这时就可以将游戏物体整体移动到平面的上面，"Hierarchy"（层级）面板也更加简洁，如图 11.12 所示。

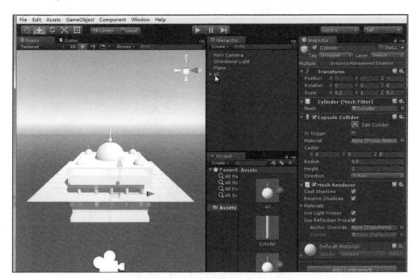

■ 图 11.12 将建筑物移到平面的上面

再选择 Plane，调整大小，并将 Scale 参数设为 6、1、6，在"Game"场景中运行的整体效果如图 11.13 所示。

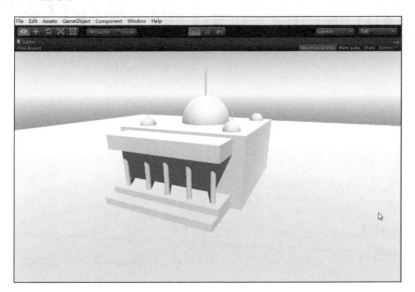

■ 图 11.13 移动放在到平面之上

这样，即用 Unity 自带的游戏对象构建了一座房屋。

 练习题

简答题：模仿本讲内容，自己搭建一个房屋。

第12讲

如何为游戏对象添加材质

▼ 本讲知识点

（1）材质球。

（2）着色器。

（3）颜色编辑器。

（4）材质贴图。

    打开上一讲做好的工程，在 Scene（场景）视窗中任意选择一个游戏对象，会发现在其右侧的"Inspector"（检视）面板中会出现一个带光感的球体，这个球体称为材质球，如图 12.1 所示。

    材质是什么？材质就是材料的质感。在渲染时，它表现出物体表面各种可视属性的综合效果：如颜色、透明度、光洁度、反光度、贴图等，但这些综合效果最终还是要以像素点的颜色表现出来。在 Unity 中，这些可视属性通过材质球索引到游戏对象上。

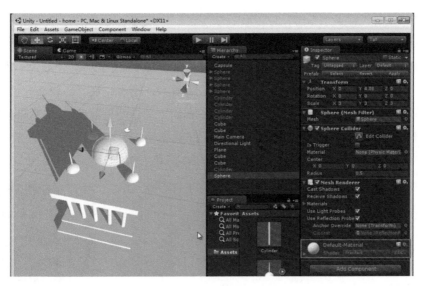

■ 图 12.1　游戏对象的材质球

着色器是渲染器的一部分，我们看到的游戏场景中各个对象的颜色及其质感都是 Unity 渲染器工作的结果，在这里，着色器负责计算目标颜色及材质效果。

着色器包含定义要使用的属性和资源类型的代码。材质允许用户调整属性和分配资源。

请看下面的实例：

首先，在"Project"面板下的 Assets 文件夹中右击，在弹出的快捷菜单中选择"Create"（创建）→"Folder"（文件夹）命令，从而创建一个新的文件夹，如图 12.2 所示。

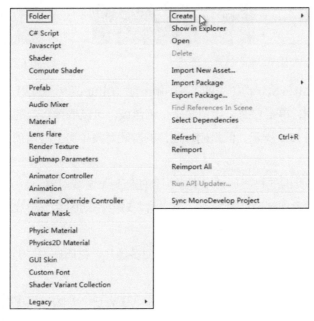

■ 图 12.2　创建文件夹

　　然后，在新建的文件夹中右击，并在弹出的快捷菜单中选择"Create"→"Material"（材质）命令，创建一个材质球，如图 12.3 所示。

　　游戏对象自带的材质球是不能编辑的，它只用来呈现游戏对象最原始的状态，而新建的材质球，在其"Inspector"面板上可以看到它的属性。如图 12.4 所示，在"Inspector"面板中首先看到的是此材质球的名称，如"m1"；然后便是"Shader"，它就是着色器，"Shader"下拉列表中存放的是不同的 Shader 的名称，也可以说是不同的配色方案。实际上，Shader 是一段程序，而 Shader 其下的这些栏目实质上是当前 Standard（标准）配色方案的属性。

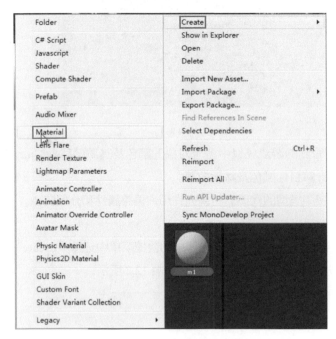

■ 图 12.3　创建材质球　　　　　　　■ 图 12.4　材质球的检视面板

　　例如，在其中的"Main Maps"（主图）下的第 1 项"Diffuse"（漫反射）的右侧有一块白颜色，它代表漫反射的主色调，单击它时，会弹出一个调色板，可以选择喜欢的颜色，如红色，此时材质球也变成红色，如图 12.5 所示。但是刚才选择的游戏对象（房上的穹顶）并没有变成红色，这是为什么？

　　其实很简单，因为此时的材质球并没有索引到任何一个游戏对象上。

　　如果想把此材质球添加到游戏对象上，单击材质球并拖动到某个游戏对象上即可，此时便会看到相应的游戏对象会变成材质球的颜色。

　　要想让此房子的不同部位具有不同的颜色,需要多建几个材质球,并将其赋给房屋的不同部位,如图 12.6 所示。

　　需要补充的是，在材质球的"Inspector"面板中，还有一个参数也很重要，即"Specular"（反射），在其右侧的颜色选择中，可以改变该材质球的反射光的颜色，也就是说其游戏对象的颜色

实质上是由 "Diffuse" 和 "Specular" 共同决定的。

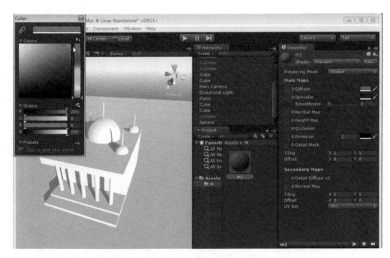

■ 图 12.5　改变材质球漫反射的颜色

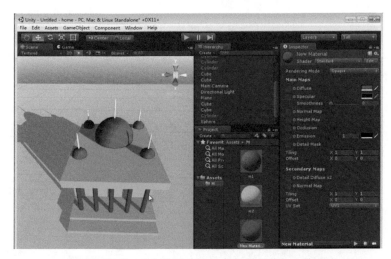

■ 图 12.6　多个材质球赋给多个游戏对象的效果

从图 12.6 中可以看出，虽然为游戏对象添加上了颜色，但看上去还不够自然和真实。

那么换一种做法，即为游戏对象添加贴图，看看会不会给我们带来惊喜。

首先，在 "Project" 面板中的 "Assets" 文件夹下创建一个新的文件夹，命名为 "img"，用来存放贴图。双击打开 "img" 文件夹，将准备好的图片拖放到该文件夹中，图片就被加载到 Unity 中，同时在硬盘上的 "Unity" 工程文件夹中也可以看到相应图片，但是会多一些以 .meta 扩展名的文件，这是 Unity 自建的文件，是对资源的标识。

接下来，想办法把图片添加到游戏对象上。

单击材质球 "m1"，在右侧的属性面板中，单击 Diffuse 前带点的圆圈，在弹出的窗口中选择图片，如图 12.7 所示，可以调节颜色以及其他参数至满意的状态。

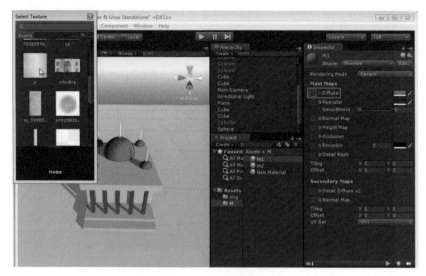

■ 图 12.7　选择贴图

单击材质球"m2"，用同样的方法选择一张图片，调节颜色。单击材质球"m3"，选择贴图，调节颜色。Plane 的材质球"m4"，是一个草地效果的贴图，但是近看时会发现图片变得很模糊，不过这可以通过调节材质球右侧的"Inspector"面板中"Tiling"（拼贴）的值来解决，如图 12.8 所示。

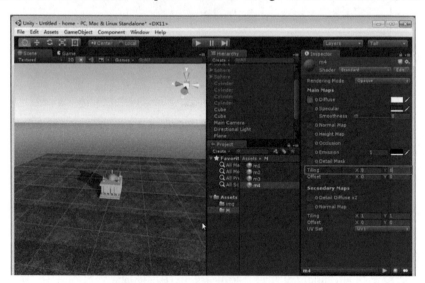

■ 图 12.8　调整贴图的 Tiling 值

建一个 Cube 和 Sphere 来丰富一下场景，并对其进行材质贴图，其效果与原始的石膏状的效果完全不同，如图 12.9 和图 12.10 所示。

■ 图 12.9　添加了贴图的 Cube

■ 图 12.10　添加了贴图的 Sphere

　　最后，对房体进行装饰。利用上述方法，将一张房屋正面的贴图加载到材质球"m7"上，然后将其赋给房体的大 Cube 身上，结果却不是我们想要的效果。因为该材质贴图会贴到 Cube 的六个面上（见图 12.11），而我们只想让其贴在房屋的正面上。这个例子也使我们明白，材质球是对游戏对象的整体进行渲染的。

　　那么如何解决这个问题呢？

　　Unity 还有一个游戏对象叫 Quad（四边形），它只有一个面，

■ 图 12.11　为房体加贴图的效果

我们先把材质球"m7"赋给 Quad，然后利用 UI 定位工具 ▣ 调整大小，使其正好能够覆盖房体的正面，并将其放到房体的正面，这样便可以在 Cube 的一个面实现贴图效果，如图 12.12 所示。

■ 图 12.12　利用 Quad 实现对 Cube 的一个面赋材质

▼ 练习题

简答题：如何为游戏对象添加材质？

本讲视频教程地址

如何带走 Unity 工程

本讲知识点

（1）资源包的导入。
（2）资源包的导出。

如果已建好了一个 Unity 工程，并在场景视窗中添加了一些内容，此时若不保存其场景文件，下次打开时就什么也看不到，所以在退出 Unity 的工程时一定记得保存场景文件。具体做法是：单击 File（文件）→ Save Scene（保存场景）命令，会弹出"Save Scene"对话框，给场景文件起一个名字，然后单击"保持 (S)"按钮即可。此时，在工程文件夹中的"Assets"文件夹中生成一个".unity"的文件，便是此工程的一个场景文件。当然，也可以按【Ctrl+S】组合健实现上述功能，如图 13.1 和图 13.2 所示。

■ 图 13.1　单击"Save Scene"命令　　　　■ 图 13.2　　"Save Scene"对话框

前面讲过，Unity 工程是一个文件夹，当退出 Unity 的编辑环境后，其工程文件夹中的所有文件都是有用的。所以，如果想将自己做的 Unity 作品在其他计算机上重新编辑，一定要将整个工程文件夹复制带走，而不仅仅是带走其中的场景文件。

再次打开此工程时，需要在 Unity 的欢迎界面中选择"Open Project"（打开工程）选项，然后选择此工程的文件夹（见图 13.3），单击"确定"按钮即可。

也有简便的方法，就是找到此工程的场景文件，然后双击，Unity 会自动被调用，并且打开的正是双击的场景。

但是，一般情况下 Unity 的工程文件都很大，携带起来不太方便。下面介绍另一种比较轻便的方法，可使工程文件小得多。

在打开的 Unity 场景的前提下，单击"Assets"（资源）→"Export Package"（导出包）命令，如图 13.4 所示。

■ 图 13.3　打开工程

■ 图 13.4　单击"Export Package"命令

弹出"Exporting pachage"对话框，勾选所有文件，如图 13.5 所示。

■ 图 13.5　"Exporting package"对话框

然后单击"Export"（导出）按钮，弹出"Export package"（导出包）对话框，如图 13.6 所示。

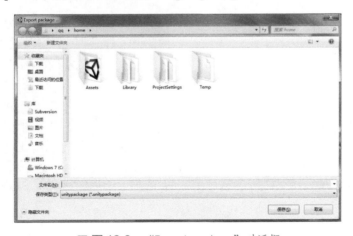

■ 图 13.6　"Export package"对话框

指定导出包存放的位置，再给导出包文件起一个名字，然后单击"保存"按钮，便开始导出整个工程。导出完毕后，在硬盘的指定位置就会出现一个扩展名为 .unitypackage 的文件，如图 13.7 所示。这个文件便是工程文件包，而且此文件要比整个工程文件夹小得多。

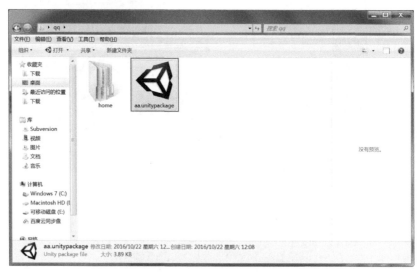

■ 图 13.7　导出的工程文件包

假如想携带这个工程包在另一台机器上打开该工程重新编辑，只需要新建一个 Unity 工程，然后单击"Assets"→ Import Package（导入包）命令，会看到下拉菜单中有很多待导入的包名，其中绝大部分是 Unity 自带的包，此时选择最上面一项"Costom Package"（定制包）命令，如图 13.8 所示。

■ 图 13.8　选择"Custom Package"命令

然后，找到要被导入的包，选中后单击"打开"按钮，如图 13.9 所示。

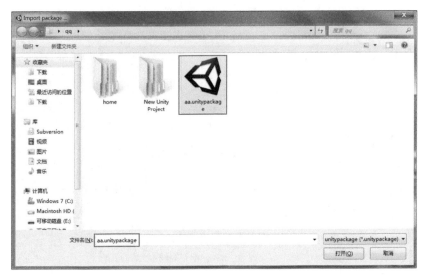

■ 图 13.9　选择指定的包并打开

此时，弹出"Importing package"（导入包）对话框，单击"Import"（导入）按钮开始导入，如图 13.10 所示。

■ 图 13.10　导入包对话框

导入后，在"Project"下的"Assets"文件夹中可看到该工程的场景文件，双击它，弹出"Scene Has Been Modified"对话框，询问是否保存当前的场景，单击"Don't Save"（不保存）按钮，如图 13.11 所示。

■ 图 13.11　Scene Has Been Modified 对话框

此时工程场景出现，如图 13.12 所示。

图 13.12　已导入的工程

 ## 练习题

简答题：如何将 A 工程中的资源放置到 B 工程中？

第14讲

如何产生光照效果

▼ **本讲知识点**

（1）环境光。

（2）方向光源。

（3）点光源。

（4）聚光灯光源。

（5）阴影。

　　Unity 5.0 之后采用了全局光照系统，简称 GI，它是一个用来模拟光的互动和反弹等复杂行为的算法。要精确地仿真全局光照非常具有挑战性，付出的代价也很高，正因为如此，现代游戏会在一定程度上预先处理这些计算，而非游戏执行时实时运算。

　　在讲解 Unity 的光照系统之前，先整理一下上一讲所做的项目。

打开上一讲所做的工程文件，单击"GameObject"→"Create Empty"命令创建一个空对象，然后命名为"model"，并将"Hierarchy"面板中关于房屋的对象都拖入"model"中。这样做有两个好处，一是可以使"Hierarchy"面板更加简洁（因为带有子对象的 model 可以收合起来），另一方面对房屋的整体调整也会比较方便。

Unity 5.0 之后，每一个新建的场景中都会有一个天空盒和一个自带光源——Direction Light（方向光）。Direction Light 的最大特点是没有位置和大小的变化，只有方向的变化。也就是说，Transform（变换）中的 Position（位置）和 Scale（缩放）参数的变化对 Direction Light 没有任何作用，只有 Rotation（旋转）的参数变化会对其光照的效果产生影响。实际上，我们可以利用这一点对一个场景的整体光照设计成昼夜交替变化的效果。

其实，Unity 这个自带的方向光，就是"GameObject"→"Direction Light"命令。

假如把当前场景的中 Direction Light 删掉（选中"Hierarchy"面板中的"Direction Light"，然后按【Del】键），场景立刻暗了下来，当重新创建 Direction Light 后，场景会立刻亮起来。在"Inspector"（检视）面板中适当地调节"Direction Light"的"Color"（颜色）、"Intensity"（强度）及"Shadow Type"（阴影方式）等属性，还可以将 Unity 自带的方向光效果调整出来。

也可以将此光源与天空盒建立联系。

单击"Window"（窗口）→"Lighting"（光照）命令，弹出"Lighting"对话框，如图 14.1 所示。

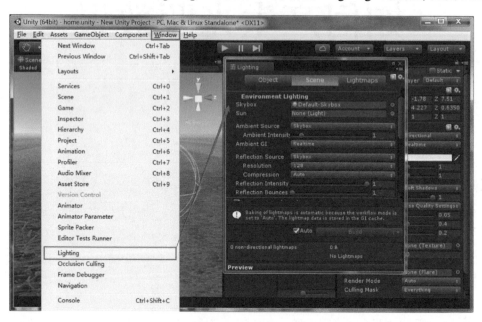

■ 图 14.1 "Lighting" 对话框

在"Lighting"对话框中有三个标签，我们来看"Scene"（场景）标签。其中"Environment Lighting"（环境光照）下的第一项是"Skybox"（天空盒），其右侧的文本框中是当前被选用的天空盒。单击本文本框右侧的圆圈，可以打开天空盒的"Select Material"（选择材质）对话框，可以选择不同的天空盒样式，如图 14.2 所示。

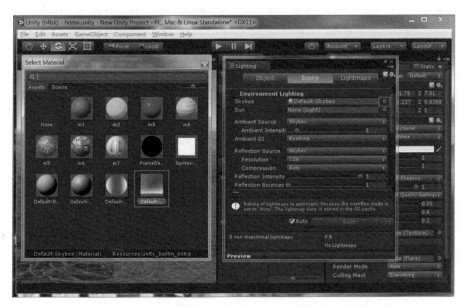

■ 图 14.2　天空盒材质对话框

"Environment Lighting" 下的第二项是 "Sun"（太阳），其右侧的文本框中显示的是 "无"（None（Light）），单击其右侧的圆圈便弹出 "Select Light"（选择光源）对话框，选择 "Directional Light" 光源（见图 14.3），此时的天空盒中的太阳就以这个 Directional Light 为光源，转动 Directional Light 便可在天空盒中找到对应的太阳，如图 14.4 所示。

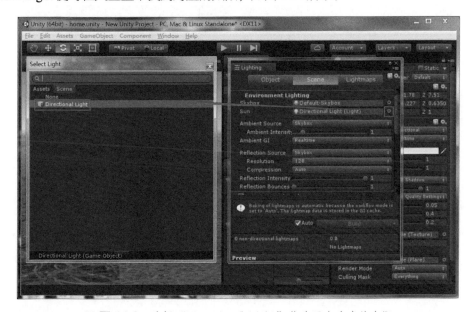

■ 图 14.3　选择 "Directional Light" 作为天空盒中的太阳

■ 图 14.4　源自 Directional Light 的太阳

　　在 Unity 中还提供了其他形式的光源，如点光源、聚光灯、区域光等。

　　为了看到这些光源所产生的效果，需要先关掉场景中原有的 Directional Light，具体做法是，在"Hierarchy"面板中选择"Directional Light"，然后在"Inspector"面板中取消勾选"Directional Light"复选框，Directional Light 光源即关闭（其实，Directional Light 还在，只不过让它不起作用了），如图 14.5 所示。

■ 图 14.5　关掉 Directional Light 光源

　　然后，单击"GameObject"→"Light"→"Point Light"（点光源）命令，为场景添加一个点光源，

如图 14.6 所示。

■ 图 14.6 单击"Point Light"命令

点光源的中心光强最大，并向四周扩散，直至球形的绿框消失殆尽，在游戏中一般用它做灯光或爆炸时中心的亮光。

点光源的这种光线扩散性，也可以通过阴影的分布观察到。选择"Hierarchy"面板中的"Point Light"，然后在"Inspector"面板的"Shadow Type"（阴影类型）中选择"Soft Shadows"（软阴影），便可看到对房屋立柱所产生的阴影，它们是向四周发散的，如图 14.7 所示。

■ 图 14.7 点光源的阴影

值得强调的是，Shadow Type 共有三个选项：No Shadows（无阴影）、Hard Shadows（硬阴影）和 Soft Shadows（软阴影），其中 Soft Shadows 的阴影边缘虚化，看上去更自然一些。但是 Soft Shadows 的计算量会比较大，而点光源的 Soft Shadows 更应该慎用，因为它要对周围六个方向计算阴影，计算量更大，若开发 PC 上的游戏，追求效果好，可以采用 Soft Shadows 的方式；但若开发手机版游戏，这样的阴影设置要尽量避免，因为需要关照手机的资源消耗。

下一种光源被称为聚光灯，其创建方式是单击"GameObject"→"Light"→"Spotlight"（聚光灯）命令，场景中便产生聚光灯的效果，如图 14.8 所示。

■ 图 14.8　单击"SpotLight"命令

聚光灯与点光源类似，也是中心最亮，然后光亮以一个圆锥形向外扩散，直到圆锥形的绿框消失殆尽，它相当于带有方向的点光源。

接下来是 Area Light（区域光），也是通过"GameObject"→"Light"→"Area Light"命令创建的，其光线照射的方向是 Z 轴的正方向。现在若让其照射到房子上，需要旋转光源，但即使调整好 Area Light 的照射方向，仍然看不到其照射的效果（见图 14.9），这是为什么呢？

在之前的版本中，区域光的效果必须在烘焙之后才会被看到（烘焙就是将光线固化到物体上，之后可以关闭光源，光线照在物体身上的感觉仍然存在），这样做的好处是光照的效果不需要实时的计算，光线的跟踪计算量是非常大的，如果建筑内部非常复杂，光照在上面再反弹，这个过程中的光照计算量非常大，面积光是一片光源，所以在之前的版本中是采用烘焙，这样就不需要实时计算。

■ 图 14.9　Area Light 的设置

▼ 练习题

简答题：简述各种光源的使用场合。

本讲视频教程地址

第15讲

如何制作光照烘焙

　　上一讲介绍了各种光源的使用，其中提到区域光用于制作光照烘焙，本讲就来说一说光照烘焙和光探针烘焙。

　　何为光照烘焙呢？

　　烘焙一词源自食品制作的一个加工环节，如对蛋糕、面包的烘焙。但在虚拟的计算机光照环境中，烘焙是指将光线跟踪算法的计算结果形成一个光照贴图附着在游戏对象的表面，形成一个静态的光照效果。由于是静态的光照，所以被烘焙的对象也要设置成 Static（静态的），烘焙完成后，光源不再起作用。

这样做的优点是光照的效果不需要实时计算，节省了大量的计算时间；其缺点也是因为光照效果被固化而使其效果不能实时跟随改变。

首先添加一个区域光源（也称面积光），单击"GameObject"→"Light"→"Area Light"命令，调整其面积大小、照射位置、光照强度以及光照颜色等，如图 15.1 所示。

■ 图 15.1　设置区域光参数

然后，将被烘焙的游戏对象静态化。即选中被烘焙的对象，并在"Inspector"面板中选中"Static"单选按钮。此时会发现 Unity 引擎已经开始对场景进行渲染（引擎的右下角有一个进度条在动）。Unity 5 采用了 GI（全局光照）系统，所以与以往版本不同，它是可以进行实时渲染的，虽然其算法有了很大改进，但其运算量是很大的。

为此，若不想让其实时渲染，该如何做？

单击"Window"→"Lighting"命令，弹出"Lighting"对话框，如图 15.2 所示。

当前的"Precomputed Readtime GI"（实时全局光照预处理）项前面有一个√，而且其下的 Auto（自动）前面也有一个√，说明此时是处在实时光照渲染的状态下的。

可以实时光照渲染，这是 Unity 5 一个极大的进步。但是，针对配置一般的机器来说，这种实时的光照烘焙是比较耗时的，而且稍微改变一下对象的位置，也会重新进行渲染，这样的体验实在是太糟糕了。我们来考虑另一种渲染方法，即静态烘焙的方法。

■ 图 15.2 "Lighting"对话框

首先将"Auto"前面的√取消，然后单击"Build"按钮，引擎开始进行静态烘焙，过一段时间便可看到其烘焙的效果，如图 15.3 所示。

此时，即使关掉"Area Light"光源，场景中光照效果依然存在。同样，如果复制一个 Area Light 光源（选中"Area Light"，然后按【Ctrl+D】组合键），也不会将刚才的光照效果复制下来。

要想看到新的 Area Light 光照效果，需要再次对它调整参数，然后重新制作烘焙（如上述方法），便会得到图 15.4 所示的效果。

■ 图 15.3 区域光光照烘焙的效果

■ 图 15.4 两个 Area Light 光源烘焙后的效果

但是，就像前面讲过的那样，烘焙完的效果并不具有光线的性质，它只是对游戏对象表面进行了颜色渲染，其看上去的光照效果已变成游戏对象身上的一种材质效果。这一点可以通过移动右侧的球体对象，将其放到所谓的光照烘焙区域内，会发现球体的身上并没有光照效果，如图 15.5 所示。这是因为烘焙之前球体没有在区域光的烘焙范围内，而烘焙后，关闭了区域光、此区域已无光线效果。

■ 图 15.5　烘焙后的光照效果不具有光线的性质

也可以说，这是 Unity 光照烘焙的缺陷，毕竟这样的处理方法显得不够真实。但是解决这一问题的方法早在 Unity 4.0 的版本中就已经提出，这就是所谓的光探针烘焙（也称为光探头烘焙）。

在制作光探针烘焙之前，先把原来的烘焙效果去掉。

您可能已经注意到，在制作出光照烘焙的同时，在"Project"面板下的"Assets"中会产生四个光照贴图文件，如图 15.6 所示。

■ 图 15.6　光照烘焙贴图文件

把这四个光照烘焙贴图文件删掉后，原有的烘焙效果消失。

现在，我们可以制作光探针的烘焙效果。

首先，将球体对象的 Static 属性解除（即把其前面的√去掉），一会要利用这个球体去测试制作的光探针效果，所以不想在烘焙时把这个对象烘焙到。

然后，单击"GameObject"→"Light"→"Light Probe Group"（光探针组）命令，就会看到一组（八个）相互关联的小球在场景中出现，这就是所谓的光探针。

如果觉得八个光探针还不够用，可以单击"Inspector"面板中"Light Probe Group"下的"Add Probe"按钮来添加一个光探针。但是逐个添加很麻烦，其快速的方法是单击"Light Probe Group"下的"Select All"（全选）按钮，把已产生的光探针全部选中，再单击"Light Probe Group"下的"Duplicate Selected"（复制选定的）按钮，进行快速复制。重复上述操作多次，便会看到图 15.7 所示的效果。

接下来，点亮两个区域光，重新烘焙，便会看到图 15.8 所示的烘焙效果。

■ 图 15.7　光探针组

■ 图 15.8　光探针烘焙

此时，在光探针范围内移动球体，便会发现球体上会有光照的变化，就好像活动的物体在真实的环境下接收到光照一样，如图 15.9 所示。

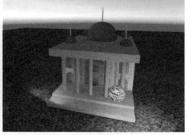

■ 图 15.9　小球感受到了周围的探针烘焙光照

其原理是：当小球接近这些相互关联的光探针时，与其最近的三个光探针会组成一个小平面，该小平面就像一个 Area Light 光源将对应的光照烘焙赋给小球（见图 15.10），不同光探针组成的三角面所烘焙的颜色是不同的，这是最初的两个 Area Light 光源将不同的渲染效果烘焙到不同光探针上的结果。这种算法实现了游戏对象在不同的环境下感受不同光照的效果。

■ 图 15.10　光探针三角面烘焙原理

▼ 练习题

简答题：为何要进行光照烘焙？

本讲视频教程地址

第16讲

如何构建地形

▼ 本讲知识点

（1）地形的创建。
（2）地形的编制。

在上一讲的实例中，地面其实是一个 Plane（平面），只不过在其上贴了一张草坪的贴图，所以它既没有起伏，也没有直立的草丛，看上去有些假。

本讲介绍一个 Unity 构建地形地貌的引擎——地形引擎，利用这个工具可以构造出非常逼真的地形地貌。

在"GameObject"→"3D Object"命令下会看到构建地形的工具——Terrain（地形引擎），单击它便会在场景中产生一个平面，这就是地面。

Terrain 是一个游戏对象，同时也是一个相对独立的系统，与普通的 GameObject 不同，改变它的 Scale 属性值并不能改变它的大小，而要想真正改变其大小需要在地形对象的"Inspector"面板中单击最右侧的小齿轮 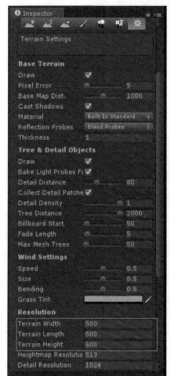，便弹开地形的配置属性栏，如图 16.1 所示。

在这里可以找到 Terrain Width（地形宽度）、Terrain Length（地形长度）和 Terrain Height（地形高度），其中的 Terrain Width 和 Terrain Length 决定了地形的水平区域大小，而 Terrain Height 决定了此地形中山脉的最高尺寸。这三个参数值的单位都是米，为了实例运行流畅，我们将这三个值都设成 100。

此时 Terrain 的原点与场景的世界坐标系的原点重合，为了与前面的实例吻合，调整一下 Terrain 的位置，并将之前制作的 Plane 去掉，如图 16.2 所示。

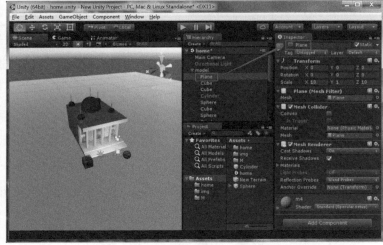

■ 图 16.1　Terrain 配置属性栏　　　　　　　■ 图 16.2　关闭 Plane 的显示

下面开始构造地形。选择 Terrain，在"Inspector"面板中可以看到构造地形的工具条。

第一个工具 是用来构造起伏的山脉的，如图 16.3 所示，选择其下的画刷形状和画刷尺寸后，便可在 Terrain 上绘制山脉。

使用不同的画刷在 Terrain 上画出的山脉具有不同的表面形态，如图 16.4 所示。

第二个工具 用来构造具有一定高度的山脉。如图 16.5 所示，改变其"Height"值，可以画出不同高度的平顶山脉。

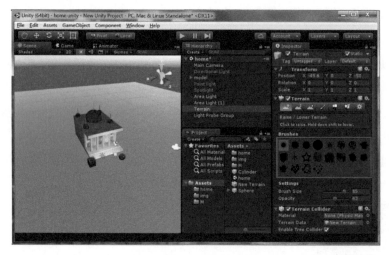

■ 图 16.3 Terrain 的画刷

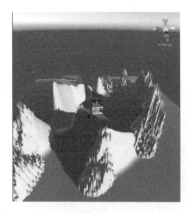

■ 图 16.4 不同的画刷构造出不同的表面形态

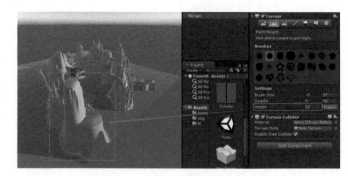

■ 图 16.5 被限制高度的平顶山脉

第三个工具 是用来平滑山脉的，在山比较粗糙的地方使用，可以使其光滑，如图 16.6 所示。

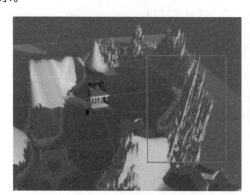

a. 使用工具 之前

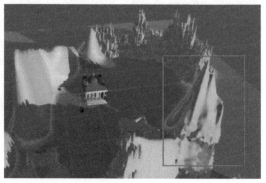

b. 使用工具 之后

■ 图 16.6 平滑山脉

至此，便可以构建山脉。建完之后如果不满意，还能够修改吗？

当然可以。还是利用第一个工具■，但同时要按住【Shift】键，此时画到已建好的山脉上时，山脉就会变矮和缩小，甚至可以用此方法将已画出的山脉完全抹掉，如图 16.7 所示。

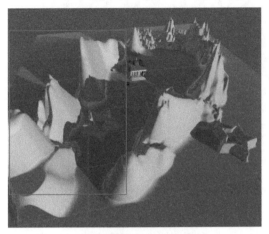
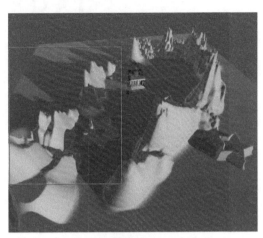

a. 使用工具■+【Shift】键之前　　　　　　　　b. 使用工具■+【Shift】键之后

■ 图 16.7　用工具■+【Shift】修改山脉的高矮和大小

第四个工具■是为地形换装的。也就是说，当前建好的山脉光秃秃的不好看，利用这个工具可以在地形上画出不同的颜色和纹理材质。

为此，利用 Unity 公司提供的标准资源包 Standard Assets（可在 Unity 官网上下载）对构造的地形进行渲染。

单击 "Assets"（资源）→ "Import Package"（导入包）→ "Custom Package"（定制包）命令，如图 16.8 所示，会弹出一个对话框，选择要导入的资源包，如图 16.9 所示。

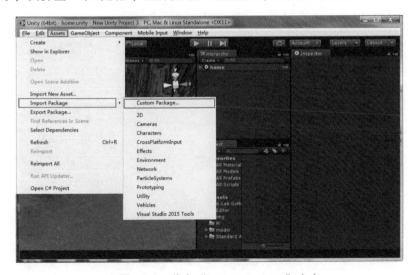
■ 图 16.8　单击 "Custom Package" 命令

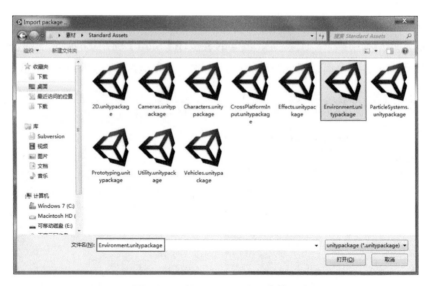

■ 图 16.9　导入 Unity 的环境资源包

　　导入完成后，在"Project"（工程）面板下的"Assets"资源文件夹中就会产生一个"Standard Assets"（标准资源）文件夹。

　　在"Hierarchy"面板下选择"Terrain"，然后在"Inspector"面板下选择"Terrain"工具条的第四个工具█，再单击其下的"Edit Textures"（编辑材质）按钮，然后选择"Add Texture"（添加材质），弹出"Add Terrain Texture"（添加地形材质）对话框，如图 16.10 所示。

　　然后单击 Select（选择）按钮，弹出"Select Texture2D"（选择 2D 材质）对话框，在其中选择想要的材质图片之后，便可看到在场景中其地形已经被披上该材质的图片，如图 16.11 所示。

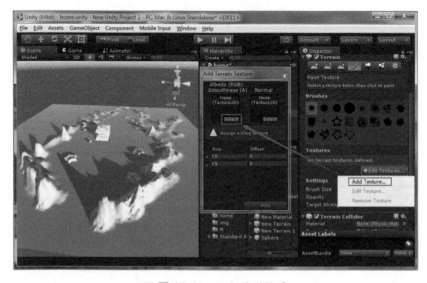

■ 图 16.10　添加地形材质

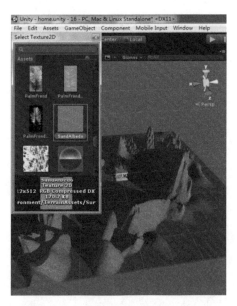

■ 图 16.11 被披上材质贴图的 Terrain

如果想让 Terrain 的外观再丰富一些，重复上面的操作选择另一张材质图片，然后用画笔工具在 Terrain 局部图画，便会看到不同的地方贴有不同材质的效果，如图 16.12 所示。

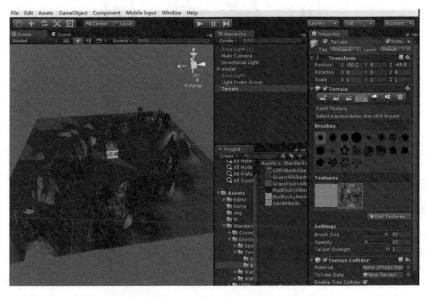

■ 图 16.12 不同的地方贴有不同材质

 练习题

简答题：如何销毁所构建的地貌？

第17讲

如何栽树

 本讲知识点

（1）在地形上添加树木。

（2）编辑树木。

有了地形，就可以在上面添加一些树木了。

还是在"Hierarchy"（层级）面板中选择"Terrain"（地形），然后在其"Inspector"（检视）面板中找到"Terrain"工具条，选择第五个工具，再单击其下的"Edit Trees"（编辑树木）按钮，选择"Add Tree"（添加树木）便可打开"Add Tree"对话框，单击右侧的圆圈，弹出"Select GameObject"（选择游戏对象）对话框，选择想种的树即可，如图17.1所示。

■ 图 17.1　选择树木

接下来，将鼠标指针放置场景中，会看到画刷覆盖的区域，这便是种树的范围，如图 17.2 所示。

在"Inspector"面板中调整其参数"Brush Size"（画刷尺寸），使其改变覆盖范围的大小；调整参数"Tree Density"（树的密度）和参数"Tree Height"（树的高度），其中"Tree Height"后面有一个 Random？（随机数）选项，勾上该选项后其树的高矮是按随机数分布的，随机数的取值范围在其后的滑动条中确定，如图 17.3 所示。

■ 图 17.2　种树的范围

图 17.3　树的参数设置

此时，只要单击鼠标左键，便可看到有树木随机栽放在场景中。如果看不到，就增大"Tree Density"的数值，如图 17.4 所示。

■ 图 17.4　单击场景栽树

也可在多个地方多次单击，以栽种更多的树木。

▼ 练习题

简答题：如何销毁所栽的树？

第18讲

如何种草

▼ 本讲知识点

（1）在地形上种草。

（2）草坪的编辑。

在 Terrain（地形）上也可以布置草坪，方法与栽树类似，但需要选择"Terrain"工具条的第六个工具 ，然后单击 Edit Details（编辑细节），选择"Add Grass Texture"（加入草坪材质），在弹出的"Add Grass Texture"对话框中，单击"Detail Texture"（细节材质）后面的圆圈，选择一个草的样式，如图 18.1 所示。

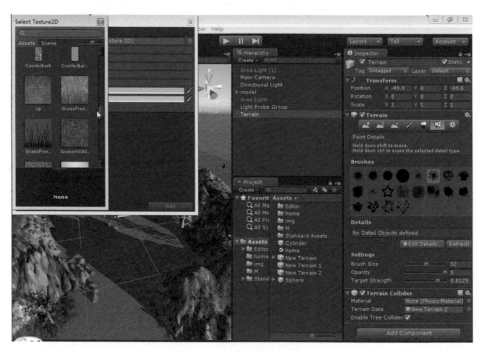

■ 图 18.1　选择草坪材质

　　选择笔刷样式和笔刷大小，在场景中单击地形，即可在地形的相应位置添加上草坪，如图 18.2 所示。

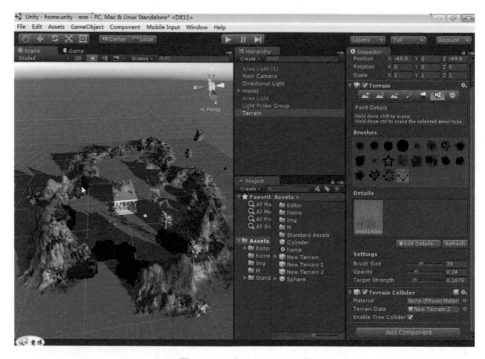

■ 图 18.2　在地形上添加草坪

　　草坪实际上是很消耗计算机资源的，如果添加过多，会让游戏运行不流畅。其实，可以通过鼠标左键＋【Shift】键来减少已添加的草坪数量，这个方法类似于对山脉的修改。同样，也可用这个方法修理上一讲中添加过多的树木。

　　Unity 还自带了优化功能，在距离远时是草坪会自动消隐不再渲染，这样玩家就看不到草坪，但当玩家走近草坪时，草坪又会自动显现出来。这种做法在游戏中经常被使用，用以提高效率，减少计算量。

 ## 练习题

　　简答题：已在地上种了草，为何有时会看不见？

第 *19* 讲

如何添加风和水

▼ 本讲知识点

（1）添加水资源。
（2）添加风能。

有山就应该有水，接下来在场景中添加水的效果。

在"Project"（项目）面板中找到"Assets"（资源）→"Standard Assets"（标准资源）→"Envirnoment"（环境）→"Water"（水）→"Water"（水）→"Prefabs"（预制件）→"WaterProDaytime"（白天的水）项，将其拖入场景中，如图 19.1 所示。

此水资源是一个模型，可以调整它的大小和位置，将其布满地形，单击"运行"按钮，便会看到图 19.2 所示的效果。

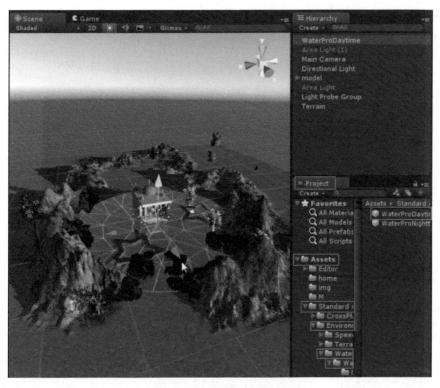

■ 图 19.1　添加水资源

■ 图 19.2　游戏运行时水的效果

在图 19.2 中，既能看到水的波纹和反光，也能看到其他游戏对象在水面上的倒影，其实还有更逼真的效果，但在这张图上无法显现，就是水面实际上是流动的。

在标准资源包中还有另一种水的模型。即在 "Project" 面板中找到 "Assets" → "Standard

Assets"→"Envirnoment"→"Water"→"Water4"→"Prefabs"→"Water4ProDaytime"项，它是一种带有波浪效果的水模型，将其拖入场景中，会看到图 19.3 所示的效果。

■ 图 19.3　带有波浪效果的水模型

在这个场景中，水是动的，草也是动的（自带的功能），但树不动。要想让树动起来，就得有风，在 Unity 中也有风的效果。

单击"GameObject"→"3D Object"→"Wind Zone"（风区）命令，在"Scene"（场景）视窗中便可看到一个立体的箭头，代表风向，如图 19.4 所示。

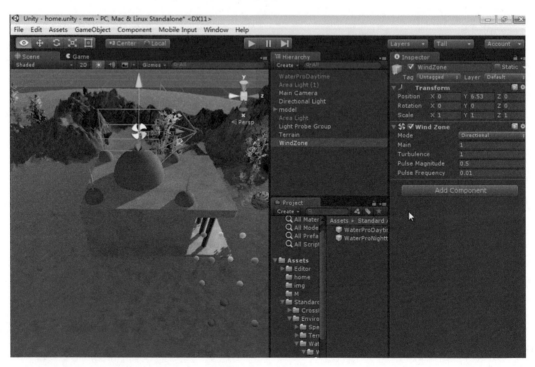

■ 图 19.4　添加风区

可以调整其位置、大小和方向，再重新运行即可看到树木也逐渐动起来。

 ## 练习题

简答题：如何让场景中的树木动起来?

第20讲

如何营造雾的效果

 本讲知识点

添加雾的效果。

在现实世界中，有三种视觉要素可以体现空间感：色彩的远近冷暖变化、体积的近大远小变化和清晰度的近实远虚变化。所以，添加雾的效果，是体现场景空间感非常好的方法。

实际上，在 Unity 中添加雾的效果也十分简单。

单击"Window"→"Lighting"（光照）命令，在弹出的"Lighting"对话框中选择"Scene"选项卡，在其下有一个"Fog"（雾）的属性，将其勾选，再展开左侧的三角形，可以调整雾的颜色、雾的模式和雾的强度，如图 20.1 所示。

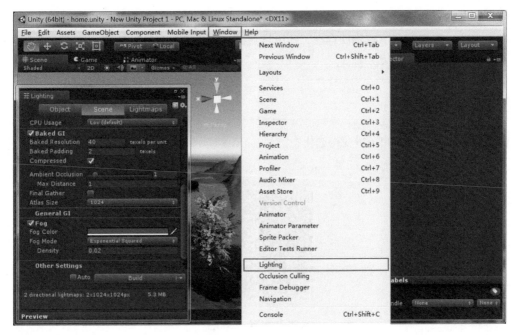

■ 图 20.1　添加"雾"

通过调节上述参数可以达到自己满意的效果。例如，将颜色调为灰色，增加强度，可以模拟雾霾的效果，如图 20.2 所示。

■ 图 20.2　雾的效果

　　雾不仅可以用到空气中，也可以用到水下。上一讲介绍的水的模型只是一个薄片，也就是说其水下是空的，若表现水下有物质存在，可以通过编程调用雾的属性，构建一个有纵深感的水下世界，设置雾的颜色为淡蓝色即可。

 ## 练习题

　　简答题：如何让远处的场景变得虚化？

本讲视频教程地址

第 *21* 讲

如何添加天空

▼ 本讲知识点

（1）天空盒的组成。
（2）天空盒的添加。

　　在 Unity 中，天空实际上是由六张天空的图片围起来的盒子，称为天空盒。

　　在 Unity 5.x 中有一个默认的天空盒，但如果想给游戏场景换一个天空盒该怎么办呢？可以自己制作天空盒，也可在互联网上下载免费的天空盒。

　　网上的免费天空盒都是以资源包（如 ABC.unitypackage）的形式存在的，下载后导入 Unity 工程中即可（如前所述）。

　　资源包导入后，单击"Window"→"Lighting"（光照）命令，弹出"Lighting"对话框，在"Scene"标签的"Environment Lighting"（环境光照）属性下，单击"Skybox"后面的圆圈，弹

出"Select Material"（选择材质）对话框，如图 21.1 所示。

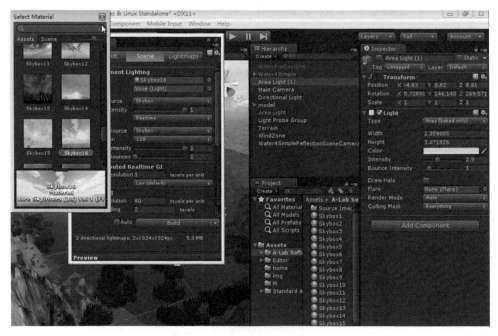

■ 图 21.1　选择天空盒材质

　　在其中选择一个天空盒样式，然后双击，其场景中的天空盒就会替换成所挑选的天空盒，如图 21.2 所示。

■ 图 21.2　替换天空盒的效果

不同的天空盒样式会烘托不同的场景气氛，不妨多选几个看看效果。

 ## 练习题

简答题：如何为构建的场景添加上天空？

第 22 讲

如何实现场景漫游

 本讲知识点

（1）第一人称控制器。

（2）第三人称控制器。

如果想在游戏运行时以某一特定的视角看到场景的局部，需要在"Hierarchy"（层级）面板中选中"Main Camera"（主摄像机），然后单击"GameObject"（游戏对象）→"Align With View"（视图对齐）命令，运行游戏时，才能在"Game"（游戏）视窗中看到"Scene"（场景）视窗中一模一样的视角，如图 22.1 所示。原理很简单，就是将主摄像机放在正对着"Scene"视窗中的方向和位置。

如果我们先看场景中的另一个位置和另一个角度，需要重新做上述操作，调整 Main Camera 等。这样做是不是太麻烦？

■ 图 22.1　调整主摄像机 Main Camera，使其与 "Scene" 视窗的正角度对齐

本讲利用 Unity 的角色控制器功能，实现场景的漫游，以解决此类问题。

角色控制器也可以在 Unity 的标准资源包中找到。

单击 "Assets"（资源）→ "Import Package"（导入包）→ "Custom Package"（定制包）命令，弹出 "Import Package" 对话框，在其中找到 "Standard Assets"（标准资源）文件夹中的 "Characters. unitypackage" 文件，然后单击 "打开" 按钮，角色控制器包就被导入到 Unity 编辑环境中，如图 22.2 所示。

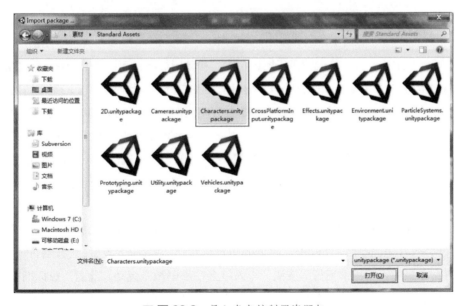

■ 图 22.2　导入角色控制器资源包

导入之后，在"Project"（项目）面板的"Assets"（资源）文件夹下的"Standard Assets"文件夹中可以看到多了一个"Characters"（角色）文件夹。在这里可以看到"FirstPersonCharacter"（第一人称角色）文件夹和"ThirdPersonCharacter"（第三人称角色）文件夹。

打开 FirstPersonCharacter 文件夹，会看到有一个"prefabs"（预制件）文件夹，打开它，里面有两个文件，一个是"FPSController"（第一人称角色控制器），另一个是"RigidBodyFPSController"（刚体第一人称角色控制器）。选择"FPSController"，然后将其拖入"Scene"视窗中，会看到图 22.3 所示红框中的东西。其中，有一个线框胶囊体，这是一个碰撞器；还有一个摄像机的图标，说明其上有一个摄像机；另外，还有一个喇叭图标，说明其上有声音（行走时的脚步声）。

■ 图 22.3　第一人称角色控制器

单击"运行"按钮，我们仿佛置身于场景之中，移动鼠标指针可以四处观看，按【W】【S】【A】【D】键或【↑】【↓】【←】【→】键可前后左右行走，从而实现了场景漫游的效果。

值得注意的是将角色控制器拖入场景视窗中后要将其向上移动一段距离，因为刚刚拖进来时，将角色控制器的一部分放到地面之下，运行时，由于角色控制器有 Rigidbody（刚体）组件，它会受到重力的影响向下坠落，如果没有地面之类带有碰撞器的物体承载，该角色控制器会掉入深渊，在这个过程中，会看到有些对象都向上飘，说明角色在坠落，如图 22.4 所示。

还有一种角色控制器是第三人称角色控制器。

在上面提到的"Characters"文件夹中打开"ThirdPersonCharacter"文件夹，并打开其中的"Prefabs"文件夹，在里面找到"ThirdPersonCharacter"预制件，将其拖入场景，会看到有一个小人（角色）被放置到场景中，单击"运行"按钮，小人就会在那里微微晃动。此时，鼠标指针移动已经不能旋转场景的视角，但是通过【W】【S】【A】【D】键，还是可以控制小人在场景中奔跑。

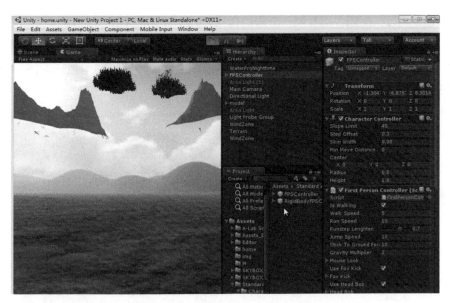

■ 图 22.4　角色控制器在向下坠落

但是这只是一个角色，还不能称为角色控制器，角色控制器需要有一个摄像机，像第一人称那样，代表玩家在场景中漫游。如果这里没有，需要自己给小人添加一个摄像机。

选中第三人称控制器，单击"GameObject"→"Camera"命令，将一个 Camera 添加到角色的身上，调整 Camera 到一个合适的位置（如角色后脑的斜上方），我们希望摄像机是和人物一起移动，所以在"Hierarchy"面板中将摄像机拖放到角色的对象名之上，使其成为角色的子对象，这样该摄像机就会跟随角色而运动，如图 22.5 所示。

■ 图 22.5　在角色身后添加一个跟随角色的摄像机

此时单击"运行"按钮，可看到一个角色在我们的控制下漫游整个场景。

此外，再介绍一下被导入的角色模型。它不仅有一个 Prefab，还有材质球以及两张模型贴图。其中一个是标准贴图，另一个被称为法线贴图，主要是用来表现角色表面的 3D 纹理，如图 22.6 所示。

■ 图 22.6　角色的法线贴图

另外，也可以改变角色材质球的颜色，使角色具有不同的视觉效果，如图 22.7 所示。

■ 图 22.7　改变角色材质球的颜色

练习题

操作题：

① 为场景添加第一人称控制器，并漫游整个场景。

② 为场景添加第三人称控制器，并漫游整个场景。

第23讲

如何导入外部模型

▼ 本讲知识点

（1）外部模型的导入。
（2）导入模型的组成。

Unity 中最常用的模型文件格式是 .fbx，使用 3ds Max 或 Maya 等 3D 建模软件做出来的模型其导出的 .fbx 格式也可放在 Unity 中使用。

我们用一个熊猫的模型为例进行介绍。

在这套熊猫模型中，有一个 panda.fbx 文件和一个 xiongmao_d.bmp 贴图文件。如果将这两个文件同时拖入 Unity 编辑环境下的 Project（项目）面板中的 Assets（资源）文件夹下，它将变成三个文件：一个是预制件、一个是材质文件夹（里面有一个材质球）、一个是贴图文件，如图 23.1 所示。

■ 图 23.1　被拖入的模型文件

直接将这个模型预制件拖入"Scene"（场景）视窗中，便会看到这个熊猫模型的完整形态。

但是，有时会遇到这种情况，所找到的模型没有和贴图放到对应的位置，也就是说模型与贴图没能恰当地匹配，此时若将模型预制件拖入"Scene"视窗中，其被添加的模型预制件就会变得光秃秃的，如图 23.2 所示。

贴图文件不能直接拖放到光秃秃的模型身上，panda 身上的贴图要通过材质球才能给角色添加上。

■ 图 23.2　找不到贴图的模型

找到panda的材质球，然后在"Inspector"（检视）面板中的"Main Maps"（主图）下找到"Albedo"（反射率），单击其前面的圆圈，弹出"Select Texture"（选择材质）对话框，找到panda的贴图并选择，此时便可看到"Scene"视窗中的panda身上已经附着上了相应的贴图，如图23.3所示。

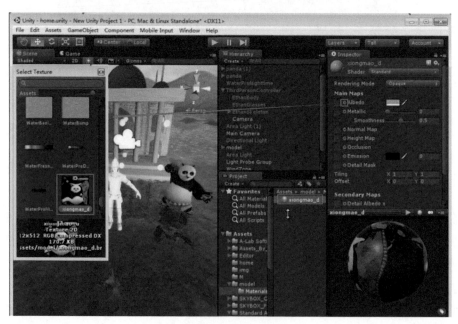

■ 图23.3　为模型添加贴图

 练习题

操作题：导入外部角色模型到场景中。

第 24 讲

如何发布 Unity 游戏

本讲知识点

Unity 游戏的 PC 发布方法。

现在我们要测试一下所做实例的运行效果，需要把实例发布成 PC 上，使其可以脱离 Unity 的开发环境，并在个人计算机上独立运行。

首先，在打开的工程下单击"File"（文件）→"Build Settings"（发布位置）命令，弹出"Build Settings"对话框，如图 24.1 所示。

在对话框左侧的"Platform"（平台）目录下，可以看到 Unity 可以发布到网页、PC 的 Windows 系统、Linux 系统和苹果机的 Mac 系统，也可以发布到 iOS 系统、Android 系统等多种平台上，当然每一种平台的发布还需要一些其他的配置才能完成，只有 PC 的 Windows 系统最简单，我们以它为例做一个游戏项目发布的介绍，所以要选择"PC,Mac&Linux Standlone"（PC、

Mac 和 Linux 单机版）项，如图 24.1 所示。

■ 图 24.1 "Buid Settings" 对话框

接下来是非常容易被忽视的一步，即要将场景文件拖入 "Scenes In Build"（发布中的场景）中，如图 24.2 所示。只有将游戏中的场景文件拖入该视窗中，将来玩家才有可能看到所设计的游戏内容，游戏场景就是承载游戏内容的地方。

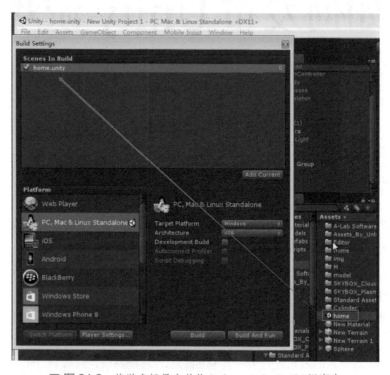

■ 图 24.2 将游戏场景文件拖入 Scenes In Build 视窗中

接下来单击"Build"（发布）按钮，将发布出来的文件保存到硬盘中，如图 24.3 所示。

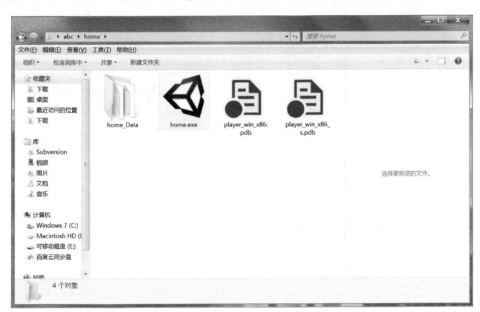

■ 图 24.3　保存文件

如图 24.3 所示，发布出来的文件是两部分，home.exe 是 PC 下的可执行文件，home_Data 文件夹中存放的是该游戏的数据文件。两个部分缺一不可，而且相应的文件名和相对路径位置不能改变。

发布完成之后，可以将此组文件复制到任何一个带有 Windows 的 PC 上运行，无论该 PC 上是否安装了 Unity 引擎。

运行时，双击可执行文件，会弹出一个游戏的配置对话框，如图 24.4 所示。

可以在该对话框中选择游戏运行的"Screen resolution"（屏幕分辨率）、"Graphics quality"（图像品质）和"Select monitor"（选择监视器）等，还有一个"Windowed"（窗口）复选框，若勾选该复选框，即以窗口形式显示游戏，否则会以全屏的形式显示游戏。单击"Play!"按钮，即可运行游戏，如图 24.5 所示。

■ 图 24.4　游戏运行配置对话框

■ 图 24.5　游戏运行效果

值得注意的是，我们做的实例到现在为止还很不完整，至少在此游戏中还没有"退出"按钮，一旦运行游戏该如何退出呢？

如果是以窗口的形式运行，右上角会有一个"关闭"按钮，单击它即可退出。如果是以全屏的形式运行，只能用强制退出手段，即按【Alt+F4】组合键退出。

 # 练习题

操作题：将游戏发布出来，然后在一个没有 Unity 开发环境的计算机上运行。

第 25 讲

如何制作动画

动画制作工具 Animation 的使用。

动画制作是游戏引擎的基本功能。

本讲主要介绍 Unity 游戏引擎的动画制作工具 Animation（动画），用此工具可以制作一些基本的动画效果。

首先选中一个游戏对象，这里选择前例中的立方体 Cube，然后单击"Window"→"Animation"命令，便可以打开 Unity 的动画制作系统"Animation"视窗，如图 25.1 和图 25.2 所示。

在图 25.2 的右框中单击"Create"（创建）按钮，弹出"Create New Animation"（创建新动画）对话框，给新创建的动画起一个名字，并找一个位置存放，然后单击"保存"按钮，保存动画文件，如图 25.3 所示。

■ 图 25.1 选择游戏对象并单击"Animation"命令

■ 图 25.2 动画系统"Animation"窗口

■ 图 25.3 保存动画文件

然后进入动画工具"Animation"编辑环境，如图 25.4 所示。

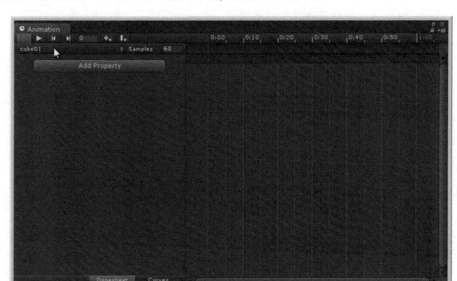

■ 图 25.4　Animation 动画编辑环境

现在，我们利用动画编辑器，对场景中的这个立方体做一个水平旋转的动画。

"Animation"动画编辑器分左右两部分：左面是制作动画的各种工具，右面是承载动画的时间线。

在动画编辑器的工具栏中有一个红色的圆点按钮，这是"录制"按钮，就是说动画是被录制下来存到文件中的，当前圆点若是红色，表示此动画编辑器正处于录制状态。

单击"Add Property"（添加属性）按钮，为这个动画添加一个属性，如图 25.5 所示。

■ 图 25.5　为动画添加一个属性

由于要做一个水平旋转动画，所以在弹出的下拉列表中单击"Transform"（变换）"Rotation"（旋转）后面的"+"号，就会看到在左侧添加了一个旋转属性，如图 25.6 所示。

■ 图 25.6　为动画添加的旋转属性

此时可以看到，动画编辑器的左边可以允许游戏对象分别绕 X、Y、Z 三个轴进行旋转，而编辑器的时间轴上会有一些菱形的点，这是所谓的关键帧。

Unity 中的动画是帧动画。帧是指动画中最小单位的单幅画面或单个音符，相当于电影胶片上的每个格镜头。关键帧就是动画中的关键画面，一般是在动画中起转折变化的画面，动画设计中的原画一般都是动画中的关键帧。

在一个动画中至少有两个关键帧，即首帧和尾帧，它们是动画最大的转折，首帧是动画从无到有，尾帧是动画从有到无。

在 Unity 中制作动画只需要设置关键帧，其他的帧由动画制作工具自动给添加上。

我们要做的动画是让 Cube 在水平面上旋转，所以只要设置属性 Rotation.y（Cube 绕 Y 轴旋转）的两个关键帧的角度即可。当前两个关键帧中的角度都是 0，选择第 2 个关键帧（在 1:00 秒处），将 Rotation.y 的值改成 90，单击"运行"按钮，便看到 Cube 旋转起来。

此时，发现 Unity 的播放按钮是红色的，这是因为当前还处在动画的录制状态，若想恢复正常，再单击"录制"按钮，解除录制即可。

回到 Unity 的正常状态后，关掉"Animation"窗口，单击"播放"按钮，此时在"Game"视窗中看到 Cube 依然在旋转，于是动画制作完成。

观察 Cube 的"Inspector"面板，发现多了一个"Animator"（动画器）组件，它主要是用来控制动画的。

现在想将 Cube 旋转一定的角度（见图 25.7），然后再让它在水平面上旋转动起来。

■ 图 25.7　将 Cube 旋转一定的角度

发现此动画仍然以原有的状态旋转，即使已将 Cube 的初始角度改变。

正确的做法是，先将原有的动画卸掉，即删掉 Cube 在 "Inspector" 面板中的 "Animator" 组件，然后再重新为 Cube 做一个以此姿态沿水平面旋转的动画。

"Animation" 动画编辑器不仅能做旋转动画，还可做平移等其他动画。

我们再用场景中的那个球体（Sphere）做一个动画的例子。

跟前面做动画的步骤类似，先选择 Sphere，然后单击 "Window" → "Animation" 命令，打开 "Animation" 动画编辑器。

添加属性时，添加 "Transform"（变换）下的 "Position"（位置）属性，在该属性时间轴的 0:30 处添加一个关键帧（选择 0:30 处，然后单击 "添加关键帧" 按钮 ◆+ ）。选择此关键帧，将 Position.y 的值改成 4，如图 25.8 所示。此时单击 "运行" 按钮，Sphere 就会在垂直的方向上震荡起来。

若想进一步编辑动画的细节，也可以利用 Animation 编辑器中的曲线编辑功能。单击 "Curves"（曲线）按钮，将曲线编辑时间轴打开，在这里可以通过添加关键帧、以及调节曲线的形状和其上关键帧的位置对动画的节奏和方式进行改变，如图 25.9 所示。

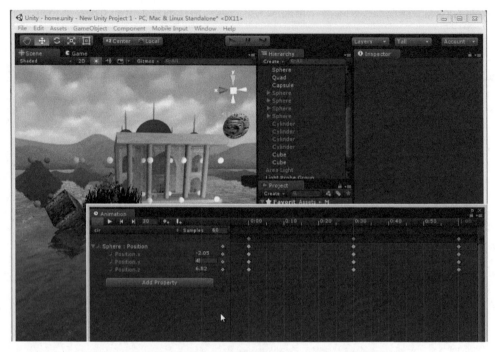

■ 图 25.8　设置关键帧的 Position.y 的位移量

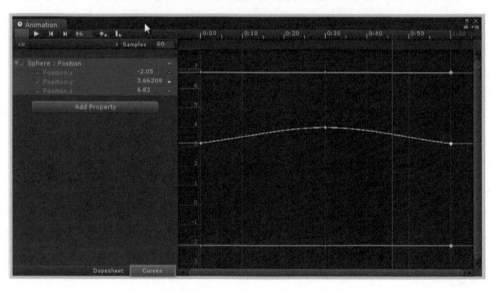

■ 图 25.9　Animation 的曲线编辑功能

▼ 练习题

（1）操作题：做一个旋转的电风扇。

（2）操作题：做一个拉门的动画。

第*26*讲

如何编辑角色动画

 本讲知识点

（1）动画系统 Mecanim。

（2）动画片段的裁剪。

（3）Animator 的动画状态机。

　　Unity 的 Animation（动画编辑器）只能做一些简单的动画，而像角色动作之类的动画是需要外围的 3D 建模软件（3D Max、Maya 等）来制作的。一般来讲，在外围建模软件中，对角色动画的设计是连贯的和一整套的。如果在游戏设计中，我们只希望用到其中某些局部的动作，或者想重新编排角色的动作顺序，应该如何制作？

　　早在 Unity 4.0 版就推出了一个新的动画系统——Mecanim，它可以针对外部模型自带的动画进行重新编辑，以产生游戏中想要的效果。

本讲以熊猫模型为例，介绍角色动画的编辑方法。

导入熊猫的模型后，将"Project"→"Assets"→"Panda"预制件拖入场景中，便会看到熊猫的模型。

此时，单击"播放"按钮，熊猫并不会动。但其实熊猫是有动作的。

先来看看导进来的熊猫模型有什么样的特征。

选择"Project"→"Assets"→"Panda"预制件，在其"Inspector"（检视）面板中可以看到三个模块：Model（模型）、Rig（绑定）、Animations（动画），如图 26.1 所示。

■ 图 26.1　熊猫模型的特征

单击"Animations"模块，在其"Inspector"面板的底部就会看到一个熊猫动画的预览，单击 ▶（预览播放）按钮，熊猫就会动起来，如图 26.2 所示。

既然模型有动画，为什么拖到场景中的熊猫不会动呢？

我们在制作 Cube 的旋转动画时，其"Inspector"面板中会产生一个"Animator"组件。熊猫对象的"Inspector"面板中也有一个"Animator"组件，只是其中 Controller（控制器）参数的值中是 None（无），没有 Animator Controller（动画控制器）。

下面来创建一个 Animator Controller。

右击"Project"→"Assets"文件夹中的空白处，在弹出的快捷菜单中选择"Create"（创建）→Animator Controller 命令，便创建了一个新的动画控制器 New Animator Controller，如图 26.3 所示。

将此动画控制器重命名为 Panda Animator Controller，然后单击"Hierarchy"（层级）面板中的"Panda"，并将 Panda Animator Controller 拖入到"Inspector"面板中"Animator"组件的"Controller"后面的参数框中，如图 26.4 所示。

■ 图 26.2　熊猫动画预览

■ 图 26.3　创建动画控制器

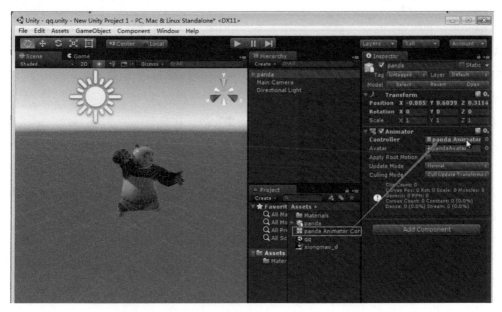

■ 图 26.4　将动画控制器拖入 Controller 参数框中

此时单击"运行"按钮，场景中的熊猫角色仍然不动，原因是"Panda Animator Controller"中并没有熊猫的动画片段。双击"Project"面板中的"Panda Animator Controller"，打开动画控制器的编辑窗口，将熊猫的动画片段拖入其中，如图 26.5 所示。再运行时，发现熊猫角色动起来了。

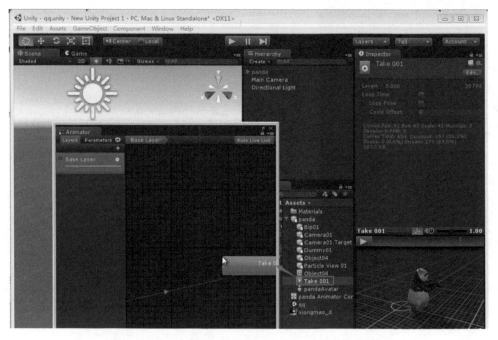

■ 图 26.5　将熊猫的动画片段拖入 Animator 编辑器中

可惜的是，此熊猫只打了一套拳就停了下来，如何能让熊猫连续打拳？

其实，Animator 的编辑窗口是一个状态机编辑器，它由状态结点和状态过渡线组成。刚刚拖入的熊猫动作片段，在这里就成为一个状态结点，由开始状态结点指向它的有向线段便是状态的过渡线，它表示一个状态的动作完成之后紧接着下一个动作状态。

要想让熊猫连续打拳，就要反复调用熊猫的动作片段。在状态机中，可以复制一个熊猫的动画片段，然后，让两个同样的动画片段产生循环。

在状态机中选中 Take 001 状态结点并右击，在弹出的快捷菜单中选择"Copy"（复制）命令，如图 26.6 所示；在状态机的空白处右击，选择"Paste"（粘贴）命令便复制一个与 Take 001 一样的状态结点 Take 001 0，如图 26.7 所示；然后在 Take 001 上右击，在弹出的快捷菜单中选择"Make Transition"（制造变换）命令，如图 26.8 所示；并在 Take 001 0 上单击，建立一个过渡线，如图 26.9 所示；用同样的方法也为 Take 001 0 到 Take 001 创建了一个过渡线，如图 26.10 所示。两个状态反复地被调用，角色就会连续动作。

■ 图 26.6　复制状态结点

■ 图 26.7　粘贴状态结点

■ 图 26.8　创建过渡

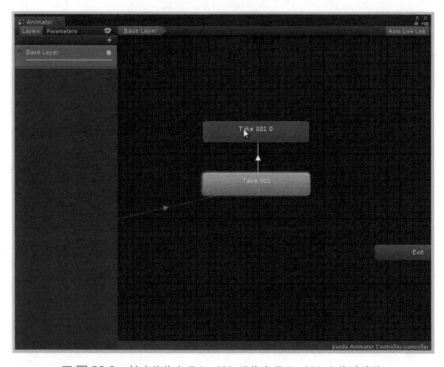

■ 图 26.9　创建从状态 Take 001 至状态 Take 001 0 的过渡线

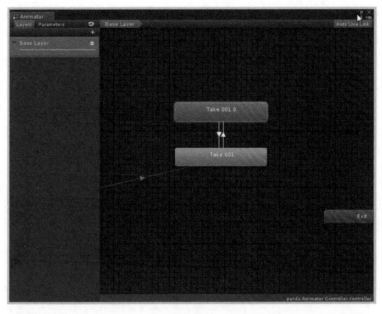

■ 图 26.10　创建从状态 Take 001 0 至状态 Take 001 的过渡线

　　一个熊猫有些孤单，可以使用快捷键【Ctrl+D】复制出更多熊猫，形成一个熊猫团队。由于所有的熊猫用的都是一样的动作片段，所以，在播放状态下这些熊猫的动作都一模一样，十分整齐，如图 26.11 所示。

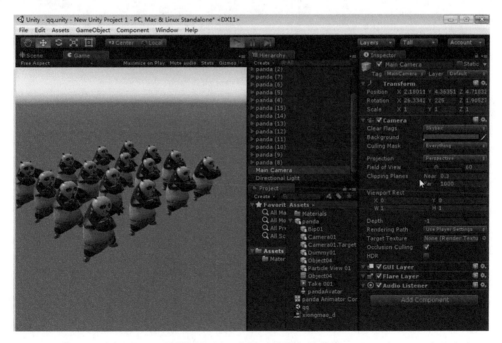

■ 图 26.11　熊猫团队整齐做动作

但是，如果希望有些熊猫应该有点自己的个性，其打斗的动作不要与其他的熊猫完全一样，这该怎么办？

一个简单的想法就是不同的熊猫使用不同的动画片段，但现在只有一个熊猫动画片段，只好把这个动画片段拆分，然后重新组合，这样就会组合出不同的熊猫拳法。

可以在 panda 模型的 Animations 模块中对现有的动画片段进行分解。

选择"Project"面板中的"Assets"→"panda"预制件，在"Inspector"面板中选择"Animations"选项卡，然后单击动画片段下面的"+"号，添加一个新的动画片段，如图 26.12 所示。

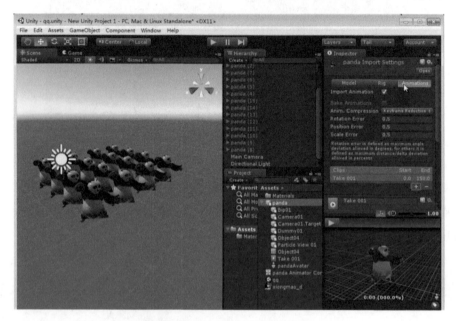

■ 图 26.12　创建新的动画片段

然后，对其命名为 panda01，如图 26.13 所示。

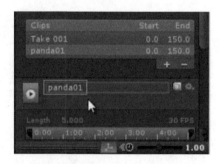

■ 图 26.13　为动画片段命名

再通过改变 Start（起始帧数）和 End（终止帧数）的参数，来截取原动画片段（Take 001）的局部片段作为新动画片段动作范围。用此方法，分解出 5 个熊猫动画片段，如图 26.14 所示。

■ 图 26.14　设置动画片段的动画范围

　　然后，再新建一个 Animator Controller，命名为 panda2 Animator Controller，并将其状态机构造成图 26.15 所示的结构。

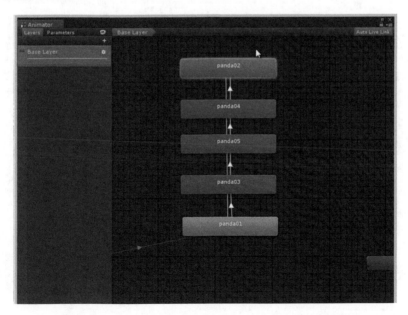

■ 图 26.15　panda2 Animator Controller 的状态机结构

　　将此 Animator Controller 拖入角色 panda 的"Inspector"面板中的"Animator"→"Controller"后面的参数框中，如图 26.16 所示。

■ 图 26.16　将 panda2 Animator Controller 拖入角色 panda 的动作控制器中

运行此场景，便会看到 panda 角色与其他熊猫的动作有所不同，如图 26.17 所示。

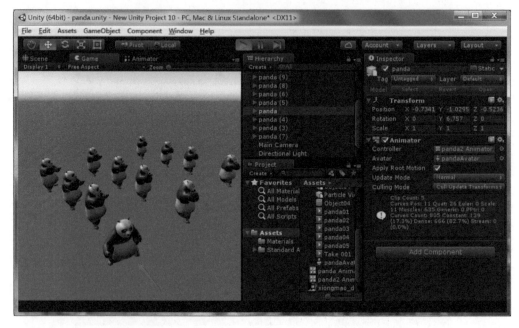

■ 图 26.17　角色 panda 的动作与其他熊猫的动作有所不同

　　于是，我们用分解动画片段和对这些动画片段的重新组合完成了角色动画的重定义。

　　然而，这些动画片段再怎样组合也无法组合出超出原有动画片段 Take 001 之外的动作。若想让熊猫有更多的动作，难道一定要重新制作熊猫动画吗？读者可自行尝试。

 练习题

　　操作题：导入一个带动画的模型，并将其动画分解，重新组合，使角色重新动起来。

第**27**讲

如何借用角色动画

▼ 本讲知识点

（1）模型的骨骼绑定。

（2）动画重定向。

本讲回答上一讲提出的问题：可否让角色的动画更加丰富？

Unity 的 Mecanim 是一个非常丰富和精密的动画系统，它有一个很了不起的功能，称之为动画重定向，利用这个功能，可以将其他角色的动画加入到熊猫的身上。

第 22 讲导入过 Unity 的标准资源 Characters.unitypackage，这个资源包里不仅有角色控制器，还有很多角色的动画可供我们使用。

假设在打开的熊猫工程文件中已导入了 Characters.unitypackage 资源包，下面要对熊猫模型的 Rig（绑定）模块进行一些设置。

选择 "Project" 面板中 "Assets" → "Panda" 预制件,在其 "Inspector"(检视)面板下单击 "Rig" 标签,在 "Animation Type"(动画类型)中选择 "Humanoid"(拟人的),如图 27.1 所示。因为,虽然我们编辑的是熊猫,但这个熊猫早已是拟人化的熊猫,而且动画重定向功能也只能对人的角色进行编辑。

■ 图 27.1　设置 "Animation Type" 属性为 "Humanoid"

接下来,单击 "Configure"(配置)按钮(见图 27.1),进入骨骼绑定页面(在进入此页面之前,还要经历两个对话框,一个是询问是否要保持场景,单击 "Save" 按钮;另一个是询问对模型的修改是否应用,单击 "Apply" 按钮),在这里可以看到熊猫的骨骼图形和相应各个关节上的动画绑定,如图 27.2 所示。

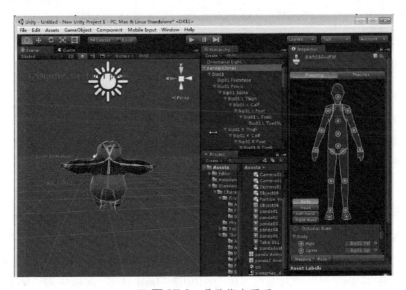

■ 图 27.2　骨骼绑定页面

在这里，可以编辑各骨骼关节的动画选项，如果骨骼关节上的动画都是正确的，其人形的关节点是绿色的点圈，如果发现有红色的点圈则说明此关节的位置添加的动画不正确，需要重新把正确的动画加上去。

然后，单击"Pose"（姿态）按钮，选择"Enforce T-Pose"（执行 T 姿态）项，使角色模型的姿态变成 T-Pose，如图 27.3 所示。然后单击"Apply"（应用）按钮，再单击"Done"（完成）按钮退出此页面。

以上的操作实际上是做了一件事情，就是构建了熊猫的 Avatar（替身、化身），它是不同模型之间互换动画的接口，也就是说每一个参与互换动画的模型，都要有自己的 Avatar，它作为一个标准，成为动画互换的基础。

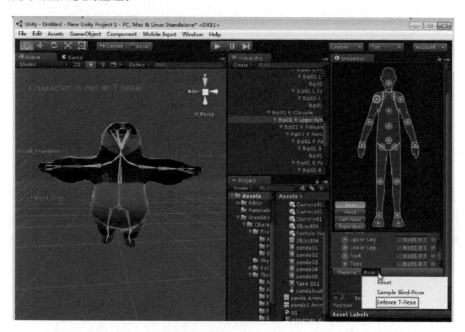

■ 图 27.3　配置姿态

接下来，又回到"Inspector"面板的"Rig"模块中，将"Avatar Definition"（化身定义）的参数改成"Copy From Other Avatar"（仿造其他的化身），如图 27.4 所示。

然后，单击"Source"（源）输入框后面的圆圈，弹出"Select Avatar"（选择化身）对话框，在其中选择一个 Avatar，作为借用动画的化身，如图 27.5 所示。如果一切操作正确，要单击"Apply"按钮确认操作，这个过程就是动画重定向的过程。

接下来，还需要将"Avatar Definition"的参数改写成"Create From This Model"（从此模型创建），然后再单击"Apply"按钮，动画重定向才设置完成。

现在双击"Project"面板中的"Assets"→"Panda2 Animator Controller"动画控制器，打开其编辑环境，选中其中的一个动画结点，单击相应的"Inspector"面板中的"Motion"（运动）

输入框后面的圆圈，弹出"Select Motion"（选中运动）对话框，选中相应的动画替换自己原有
的动画，如图 27.6 所示。

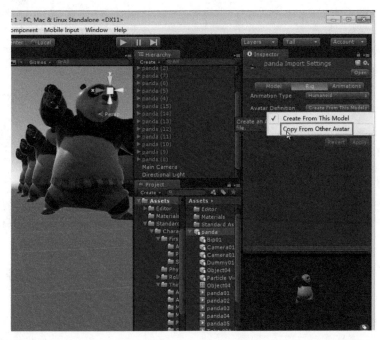

■ **图 27.4**　将 "Avatar Definition" 的参数改成 "Copy From Other Avatar"

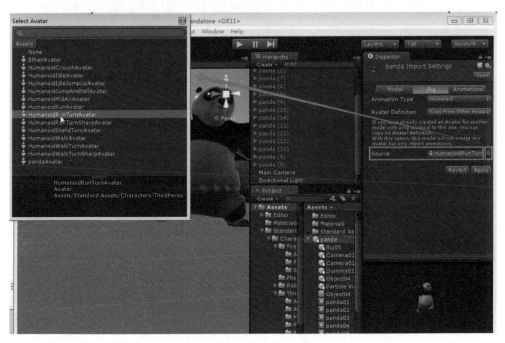

■ **图 27.5**　选择 Avatar 源

■ 图 27.6 替换动画

再次运行时，发现其中的熊猫角色具有了原来不具有的动画，如走、跑、跳等动作，如图 27.7 所示。

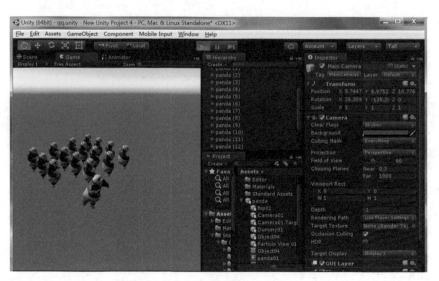

■ 图 27.7 动画重定向后的运行效果

于是，熊猫便借用了其他模型的动画片段为己所用。

 练习题

操作题：找两个带动画的人物角色模型，将它们的动画片段互换。

第28讲

如何实现复合动画

本讲知识点

动画融合树。

我们已经掌握了两种丰富角色动画的方法：一种是将已有的动画片段拆分，然后重新组合；另一种是借用其他角色的动画来丰富自己角色的动作。

本讲再介绍一种新的丰富动画的方法，即利用状态机中的动画融合树技术，将两个或多个动画融合到一起，实现复合动画的效果。

仍然以熊猫为例，在它的"Project"面板的"Assets"→"Panda Animator Controller"动画控制器中，拖入一个悬停的动画状态，如图28.1所示。

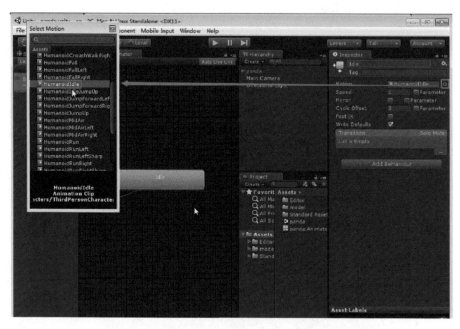

■ 图 28.1 为熊猫动画状态机添加悬停动画结点

然后在动画控制器编辑环境的空白处右击，选择 "Create State" → "From New Blend Tree" 命令，再添加一个动画融合树，如图 28.2 所示。

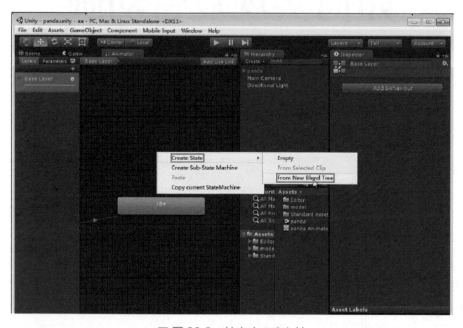

■ 图 28.2 创建动画融合树

然后，修改 "Inspector"（检视）面板下的名称，将此融合树结点名改为 "run"，如图 28.3 所示。

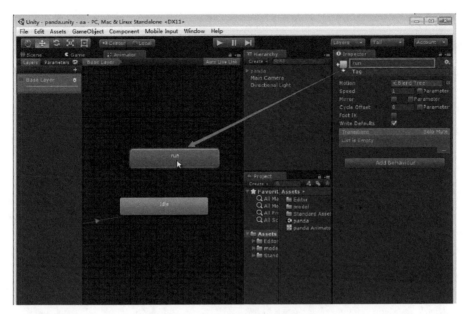

■ 图 28.3　为动画结点重新命名

　　动画融合树实质上是一个复合的结点，里面可以并行设置多个动画结点。双击它时，便可进入动画融合树的编辑环境，如图 28.4 所示。

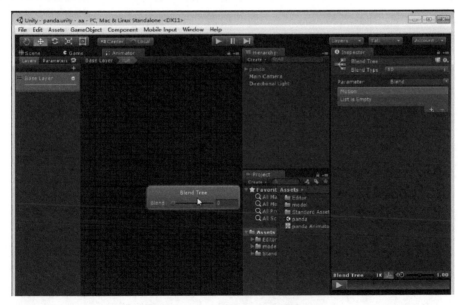

■ 图 28.4　动画融合树的编辑环境

　　在这里动画融合树由一个名字（Bland Tree）和一个参数（Bland）组成，参数可利用滑块的移动或参数值的修改来调整复合动画的使用比例。

　　我们在左侧的"Parameters"（参数）面板下单击"+"号，选择"float"，创建一个浮点型的参数，并把参数名修改成"Direction"（方向）；然后将"Inspector"面板下的参数名改成 Direction，此时，动画融合树结点上的参数名也被改成"Direction"，如图 28.5 所示。

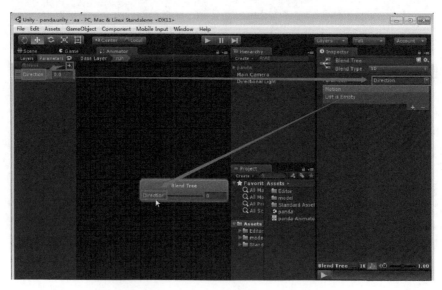

■ 图 28.5　为动画融合树结点创建参数

　　然后，单击"Inspector"面板下"Motion"（动画）后面的"+"号为动画融合树添加动画结点，并单击"Motion"中"None（Motion）"后面的圆圈为其添加动画片段，如图 28.6 所示。

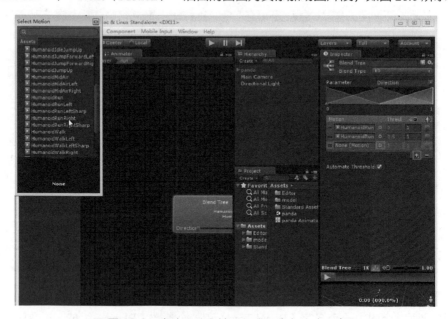

■ 图 28.6　为动画融合树添加动画节点及动画片段

　　添加完动画片段之后，动画融合树就被真正的建立起来，它是由一个三分支的动画状态机组成的，并在"Inspector"面板中有三个分支融合的占比图，如图 28.7 所示。

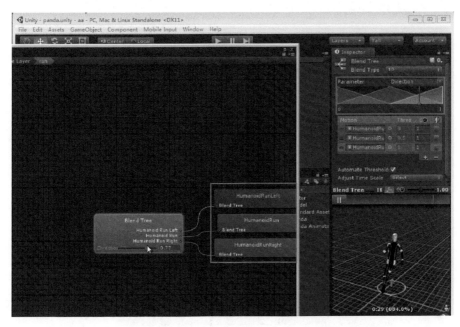

■ 图 28.7　动画融合树及其动画占比图

这个动画占比图表达的是三个动画之间的融合比例，它是由参数 Direction 控制的，Direction=0、Direction=0.5 或 Direction=1 分别代表三个动画片段各自占比最大（占比图中三角形的最高点），Direction 在 0 ~ 1 之间的其他的数值便代表两个动画片段的融合的不同的程度，它代表着两种动画混合一起的效果。在此例子中，这些数值往往代表角色向前左转弯跑或向前右转弯跑，于是实现了两种动画的复合表现。也可将 Direction 的取值范围改成 [-1,1]，如图 28.8 所示。即往左跑的值是 -1、往前跑的值是 0、往右跑的值是 +1，其他的数值代表两种奔跑的复合动画，这样可以扩大 Direction 的取值范围，同时为下一讲通过程序改变此融合树的控制参数做准备。

■ 图 28.8　改变 Direction 的取值范围

现在，可以通过滑动融合树上的滑块来实现角色动画的复合播放。当然，不可能让玩家进入 Unity 编辑环境去调整这个滑块来改变复合动画的姿态，这一功能的实现需要在脚本程序中设置，玩家只能通过输入设备改变其角色的奔跑方式。

 练习题

操作题：做一个边跑边跳的动画。

第 *29* 讲

如何控制游戏角色

（1）C# 脚本编程。

（2）Start() 方法。

（3）Update() 方法。

（4）if 语句。

（5）获得组件方法。

（6）获得状态机节点方法。

本讲通过编程实现对上一讲中熊猫复合动画的控制。

　　Unity 引擎是一个功能强大的游戏编辑环境，但是若没有脚本语言的帮助，仍不能满足游戏开发者的需求。例如，游戏中人机交互功能（通过鼠标、键盘等设备与游戏交流）的实现，绝大部分都需要编程。

在 Unity 5.x 中使用两种脚本语言用于编程，一个是 Javascript 语言，另一个是 C# Script 语言。这两种语言都是面向对象的程序设计语言，但在市面上使用较多的还是 C# Script 程序设计语言，因为 C# Script 语言是基于 .net 的网络脚本语言，未来的开发范围更广泛。这里也以 C# Script 程序设计语言作为编写 Unity 程序的设计语言。

首先，我们创建一个 C# Script 文件。

在"Project"面板"Assets"的空白处右击，在弹出的快捷菜单中选择"Create"（创建）→"C# Script"命令，创建一个 C# Script 文件，如图 29.1 所示。

将此文件重命名为"runPanda"，选中该文件，在"Inspector"（检视）面板下可以看到该文件的程序代码，它是 Unity 为用户设计的一个程序模板，里面有脚本编程所需要的最基本的程序代码，如图 29.2 所示。

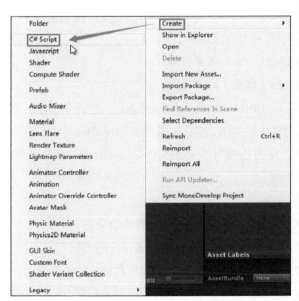

■ 图 29.1　创建 C# Script 文件

■ 图 29.2　C# Script 文件的内容

可是，在"Inspector"面板下看到的代码是只读的，要想在程序文件中填写和修改代码，需要双击"runPanda"文件，使其在 Moon Develop 程序编辑器中打开（该编辑器是 Unity 自带的，双击脚本文件，程序就会自动在该编辑器中打开；也可自定义其他程序编辑器，如 VS 等），如图 29.3 所示。

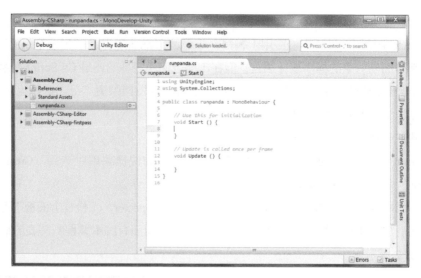

■ 图 29.3　在 Moon Develop 编辑器中打开程序文件

下面对该程序模板做如下解释：

（1）最左边的一列数字，被称为行号，是用来标记程序的排列序号的，不会参与程序运算。

（2）双斜杠"//"后面的文本是程序注释，也不参与程序运算。

（3）第 1 行语句表示，引用 UnityEngine（Unity 引擎）命名空间。

（4）第 2 行语句表示，引用 System.Collections（集合）命名空间。

（5）第 4 行语句表示，创建一个公有的（Public）类——runPanda，它继承（:）于 MonoBehaviour 类（所有创建的用于添加到游戏对象上的脚本，都必须继承于 MonoBehaviour 类）。不知您是否发现被创建的类的类名（runPanda）与新建的 C# 脚本文件的文件名（runPanda）是一样的，实际上，新建的 C# 脚本文件实质上是创建了一个类。

（6）第 6 行是注释，提醒程序员"此处用于初始化"。

（7）第 7 行至第 9 行语句是 Start 方法，可在大括号之间写上要写入的初始化语句。

（8）第 11 行也是一个注释，其意思是"下一个方法是每一帧都要重复执行的方法"。

（9）第 12 行至第 14 行语句是 Updata 方法，需要每一帧都执行的语句写在期间的大括号中。

（10）第 15 行是上面第 4 行定义的类的结束符号，该类的内容都写在两个大括号之间，如程序的第 5 行至第 14 行。

好了，下面通过编程，一步一步实现对上一讲中熊猫的复合动画的控制。

在上一讲里我们知道，要想控制熊猫角色"左、前、右"混合奔跑，只要改变其在动画融合树中设置的变量 Direction 的值即可。

首先，我们在 runPanda 类中定义一个私有的（private）Animator 类型的变量 animator：

```
Private Animator animator;
```

用于存储所获得的 Animator 组件。

再定义一个公有的（public）浮点型（float）变量 DirectionDampTime，并赋以初值：

```
Public float DirectionDampTime=0.25f;
```

用于后面的程序使用。

然后，在 Start 方法中输入如下语句：

```
animator=GetComponent<Animator>();
```

意思是得到一个 Animator 类型的组件赋给 animator 变量。

再后，在 Updata 方法中写一个判断语句，作用是判断程序是否获得了 Animator 组件：

```
If(animator){
}
```

如果 () 中的 animator 为真，说明已经获得了这个 Animator 组件，程序便可以执行 if{} 中的程序代码。

接下来，在 if{} 添加功能程序：

```
float horizontal=Inout.GetAxis("Horizontal");
```

此语句的意思是，获得水平轴的虚拟坐标值，并将其赋给浮点型变量 horizontal。

Unity 允许用户在输入管理器中创建虚拟轴和按钮，并对其进行键盘输入的对话框匹配。具体做法是，单击"Edit"（编辑）→"Project Settings"（项目设置）→"Input"（输入）命令，在"Inspector"面板中展开"InputManager"（输入管理）项，如图 29.4 所示。

"Name"（名字）项用于在脚本中使用这个轴，即 Horizontal（水平轴）。"Negative Button"（负按钮）和"Positive Button"（正按钮）分别设为 left 和 Right，表示按左方向键 Horizontal 在负方向上改变水平轴的值、按右方向键在正方向上改变水平轴的值。

"Type"（类型）项的输入值是 Key or Mouse Button，意思是输入设备是键盘或鼠标；"Axis"（坐标轴）选用的是 X axls（X 轴）。

接下来利用 SetFloat 方法，将用键盘改变的水平轴的值赋给 Direction（在动画控制器中设定的变量）：

■ 图 29.4　展开"InputManager"项

```
animator.SetFloat("Direction",horizontal,DirectionDampTime,Time.deltaTIme);
```

SetFloat 是 Animator 的一个方法，由于 animator 被定义成 Animator 类型的变量，所以 animator 也具有了此方法。该方法可将参数 horizontal 的值赋给 Direction 这个 ID，从而在动画编辑器中 Direction 变量便可获得交互改变，以实现对角色左右跑的控制。其他的两个参数

DirectionDampTime 为允许参数到达值的时间；Time.deltaTIme 表示以帧为单位的时间。

此阶段的完整代码如下：

```
runPanda.cs:
Using UnityEngine;
Using system.Collections;

Public class runPanda:MonoBehaviour{
    Private Animator animator;
    Public float DirectionDampTime=0.25f;
    //Use this for initialization
    Void Start(){
        Animator=GetComponent<Animator>();
    }

    //Update is called once per frame
    Void Update() {
        If(animator) {
            Float horizontal=Input.GetAxis("Horizontal");
            animator.SetFloat("Direction",horizontal,DirectionDampTime,Time.deltaTime);
        }
    }
}
```

写完程序之后，保存程序，然后将程序 Project → Assets → runPanda 拖到 panda 游戏对象的 Inspector 中（在 Unity 中创建的程序都是组件，需要把它们放到相应的游戏对象上），如图 29.5 所示。

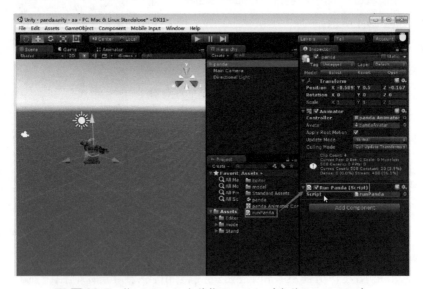

■ 图 29.5　将 runPanda 文件拖入 panda 对象的 Inspector 中

然后单击"运行"按钮，熊猫就会向前跑起来，此时如果按【←】键或【→】键熊猫就会向左或向右转弯跑，如图 29.6 所示。

　　到目前为止，我们已可通过按【←】键或【→】键改变状态机中 Direction 变量的值，从而调用向左跑、向右跑的动画状态，实现对熊猫对象跑动的控制。

　　但是，我们的控制还不完整，比如还不能让熊猫角色在跑动的过程中随时停下来，再随时跑起来，等等。

　　要想实现这样的功能，需要改变动画状态机的实现条件或结构以及 runPanda 脚本程序。

　　首先，双击"Project"面板中的"Assets"→"panda Animator Controller"动画控制器，打开动画状态机，然后选中从 Idle 状态到 run 状态的过渡线，然后单击参数面板中的"+"号创建一个 Bool 类型的变量 key，作为过渡线使用的条件，如图 29.7 所示。

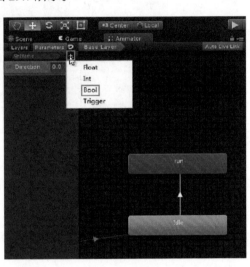

■ 图 29.6　被【←】键或【→】键控制的熊猫角色　　　　　■ 图 29.7　创建一个 Bool 类型的变量 key

　　然后，单击"Inspector"面板"Conditions"（条件）下的"+"号添加 key 变量，并将其值定义为 true，如图 29.8 所示。

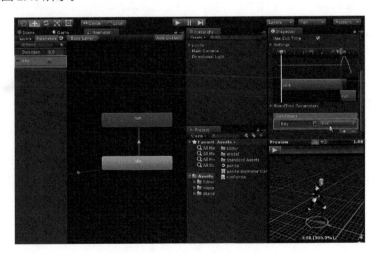

■ 图 29.8　将 key 值定义为 true

再从 run 动画结点到 Idle 动画结点创建一个过渡线，并将此过渡线的 key 值设为 false，如图 29.9 所示。

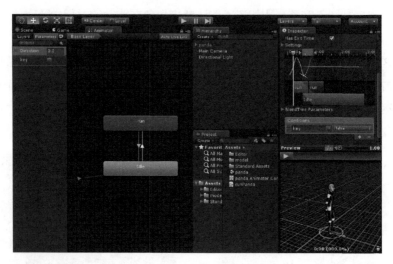

■ 图 29.9　创建从 run 到 Idle 的过渡线，并将 key 值设为 false

接下来，打开 runPanda 程序，将下列代码添加到 if(animator){} 中：

```
AnimatorStateInfo stateInfo=animator.GetCurrentAnimatorStateInfo(0);
if(stateInfo.IsName("Idle")){
    if(Input.GetKeyDown(KeyCode.UpArrow)){
        animator.SetBool("key",true);
    }
}
if(stateInfo.IsName("run")){
    If(Input.GetKeyUp(KeyCode.UpArrow)){
        animator.SetBool("key",false);
    }
}
```

其中，AnimatorStateInfo stateInfo=animator.GetCurrentAnimatorStateInfo(0); 的意思是，获得当前状态结点的信息。

下列代码的作用是，如果当前的状态结点是 Idel，当按下【↑】键时，将变量 key 的值变成 true，此时角色就会从悬停状态转换成跑的状态。

```
if(stateInfo.IsName("Idle")){
        If(Input.GetKeyDown(KeyCode.UpArrow)){
            animator.SetBool("key",true);
        }
    }
```

下列代码的作用是，如果当前的状态结点是 run，当抬起【↑】键时，将变量 key 的值变成 false，此时角色就会从跑的状态转换成悬停状态。

```
if(stateInfo.IsName("run")){
        If(Input.GetKeyUp(KeyCode.UpArrow)){
            animator.SetBool("key",false);
        }
    }
```

从而实现了对熊猫角色的悬停、跑、左跑、右跑、停等动作的控制。

以下是 runPanda 程序的完整代码：

```
Using UnityEngine;
Using system.Collections;

Public class runPanda:MonoBehaviour{
    Private Animator animator;
    Public float DirectionDampTime=0.25f;
    //Use this for initialization
    Void Start(){
        Animator = GetComponent<Animator>();
    }

    //Update is called once per frame
    Void Update() {
        if(animator) {
            AnimatorStateInfo stateInfo=animator.GetCurrentAnimatorStateInfo(0);
            if(stateInfo.IsName("Idle")){
                if(Input.GetKeyDown(KeyCode.UpArrow)){
                    animator.SetBool("key",true);
                }
            }
            if(stateInfo.IsName("run")){
                if(Input.GetKeyUp(KeyCode.UpArrow)){
                    animator.SetBool("key",false);
                }
            }
            float horizontal=Input.GetAxis("Horizontal");
            animator.SetFloat("Direction",horizontal,irectionDampTime,Time.
                daltaTime);
        }
    }
}
```

▼ 练习题

操作题：用代码控制边跑边跳的复合动画，使其在跑的过程中由用户控制起跳的时间。

第**30**讲

如何制作游戏的基本元素

▼ **本讲知识点**

（1）刚体。

（2）碰撞器。

（3）键盘交互。

（4）鼠标交互。

（5）碰撞检测。

一款游戏若能玩起来，必须具备以下几个基本元素：

（1）有角色活动的场景。

（2）有玩家控制的角色。

（3）有其他角色与玩家控制的角色互动。

本讲通过一个游戏来介绍这几个基本元素的制作。

首先，将上一讲实现的熊猫奔跑控制的功能打包导出，并在带有房屋的游戏工程中导入，将角色与场景融合到一起，如图 30.1 所示。

对本讲要实现的游戏做一个简单的策划：

该游戏有两个角色，一个角色是熊猫，由玩家控制其奔跑和打斗，作用是利用自己的武功去保卫王宫（场景中的房屋）；另一个角色是老鼠王，它是破坏者，遇到王宫就用镐头刨，遇到熊猫也会对其进攻。

为了能在场景中自然运动，熊猫身上需要加一个 Rigidbody（刚体）组件，因为在 Rigidbody 组件的属性中有一个选项 Use Gravity（使用重力），选中该选项，其游戏对象就会表现出感应重力的效果，如果角色离开地面一定的高度，就会自动向下掉，直至具有碰撞器的地面接住。

选择 "Hierarchy"（层级）面板中的 "panda"，单击 "Component" → "Physics" → "Rigidbody"（刚体）命令，为 panda 添加一个刚体，从此 panda 可以脚踏实地奔跑了，同时这也为将来的碰撞检测做好了准备，如图 30.2 所示。

■ 图 30.1　将熊猫工程导入房屋工程中

■ 图 30.2　为熊猫对象添加 Rigidbody 组件

为了角色之间的互动，需要碰撞检测方法，即当两个角色相遇时，角色能够感知到对方。

为此，需要在熊猫身上添加一个碰撞器组件，它可以感知到与其他带有碰撞器的角色相碰的结果。

这里选择 Capsule Collider（胶囊碰撞器）组件作为熊猫身上的碰撞器：

选择 "Hierarchy" 面板中的 "panda"，单击 "Component" → "Physics" → "Capsule Collider"（胶囊碰撞器）命令，为 panda 添加了一个碰撞器，调整其参数，使其正好套住 panda。

再把熊猫做成第三人称控制器的形式，以便于玩家的操作。为此创建一个摄像机，调整好位置和角度，并将其拖入 "Hierarchy" 面板中的 "panda" 文件夹，使其成为 panda 的一部分，让我们的视角跟随 panda 运动。

为了增加熊猫的打斗功能，需要对熊猫的角色控制器（Panda Animator Control）添加一个打斗的动画状态，并对代码 runPanda.cs 进行改造，即在 if(stateInfo.IsName("Idle")){} 判断语句体中加入如下代码：

```
if(Input.GetMouseButtonDown(0)){
    animator.Play("fight",0,0);
}
```

意思是，如果按下鼠标左键，animator 将调用 Play（播放）的方法，使其播放 fight 动画。程序运行时，单击鼠标左键，熊猫就会打斗起来。对于此项设置，熊猫必定要打斗一组拳才能停止。

为了使熊猫的打斗动作随时都可以停下来，需要在 Panda Animator Control 中添加一个从 fight 状态结点到 Idle 状态结点的过渡线，并设立 Bool 变量 mouseD=false，如图 30.3 所示。

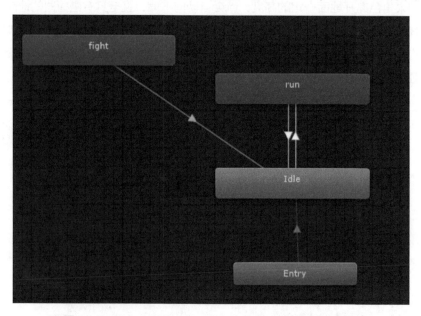

■ 图 30.3　添加一个从 fight 状态结点到 Idle 状态结点过渡线

然后，在脚本文件 runPanda.cs 的 if（animator）{} 中添加脚本：

```
if(stateInfo.IsName("fight")){
    if(Input.GetMouseButtonUp(0)){
        animator.SetBool("mouseD",false);
    }
}
```

意思是，如果当前处在 fight 动画状态，同时又抬起鼠标左键时，其 mouseD 的值为 false，从而动画状态机跳到 Idle 状态结点，使熊猫的打斗停下来。

以下是控制熊猫交互的 C# 文件完整代码：

```
runPanda.cs:
using UnityEngine;
```

```
using System.Collections;
public class runPanda : MonoBehaviour {
    private Animator animator;
    public float DirectionDampTime=0.25f;
    public float speed=1f;
    //Use this for initialization
    void Start() {
            animator=GetComponent<Animator> ();
    }

    //Update is called once per frame
    void Update() {
            animator.speed=speed;
            if (animator) {
                    AnimatorStateInfo stateInfo=animator.GetCurrentAnimatorStateInfo(0);
                    if(stateInfo.IsName("Idle")){
                            if(Input.GetKeyDown(KeyCode.UpArrow)){
                                    animator.SetBool("key",true);
                            }
                            if(Input.GetMouseButtonDown(0)){
                                    animator.Play("fight",0,0);
                            }
                    }
                    if(stateInfo.IsName("run")){
                            if(Input.GetKeyUp(KeyCode.UpArrow)){
                                    animator.SetBool("key",false);
                            }
                    }
                    if(stateInfo.IsName("fight"))
                    {
                            if(Input.GetMouseButtonUp(0))
                            {
                                    animator.SetBool("mouseD",false);
                            }
                    }
                    float horizontal=Input.GetAxis("Horizontal");
animator.SetFloat("Direction",horizontal,DirectionDampTime,Time.deltaTime);
            }
    }
}
```

　　下面导入老鼠王的模型，并将其拖入场景中成为一个游戏对象，同时为老鼠王建立动画控制器 Ratkin Animator Control 和 C# 脚本控制文件 walkRatkin.cs。

　　先来看看老鼠王的动画控制器 Ratkin Animator Control，如图 30.4 所示。

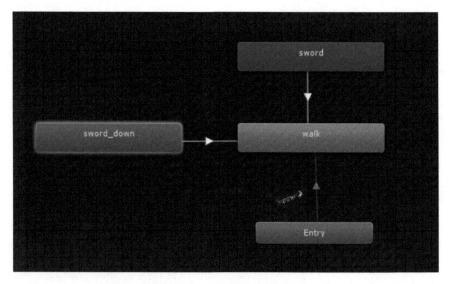

■ 图 30.4　老鼠王的动画状态机

从初始状态直接过渡到行走的状态（walk），并在状态机中加入两个动作状态：一个是 sword（用镐头横扫，用于与熊猫搏斗），另一个是 sword_down（用镐头竖辟，用于击打王宫）。

其中，从 sword 到 walk 的过渡条件是 leave=true，即当老鼠王与熊猫分开时，便会跳到 walk 状态结点处，变成独自行走。

同样，从 sword_down 到 walk 的过渡条件是 leave=true，即当老鼠王与王宫分开时，便会跳到 walk 状态结点处，变成独自行走。

下面是老鼠王的完整控制代码，其 // 部分是对关键语句的解释：

```
walkRatkin.cs:
    using UnityEngine;
    using System.Collections;

public class walkRatkin : MonoBehaviour {
        public float speed=1f;      //定义了一个公有的浮点型变量 speed, 并赋值为 1
        private Animator animator;

        void Start() {
                animator=GetComponent<Animator>();
        }

        void Update() {
                transform.Translate(0,0,Time.deltaTime*speed);
                                //老鼠王行走的位移
        }
    //是碰撞入检测方法
        void OnCollisionEnter(Collision other)
        {
```

```
        //如果老鼠王碰撞的是熊猫，则调用老鼠王水平挥镐的动画
            if(other.gameObject.name=="panda")
            {
                    animator.Play("sword",0,0);
            }
        //如果老鼠王碰撞的是王宫，则调用老鼠王上下挥镐的动画
            if(other.gameObject.name=="Cube")
            {
                    animator.Play("sword_down",0,0);
            }
    }
//如果老鼠王与熊猫分开，便停止挥镐，并独自走开
    void OnCollisionExit(Collision other) {

            if(other.gameObject.name=="panda")
            {
                    animator.SetBool("leave",true);
            }
    }
//如果老鼠王与王宫分开，便停止挥镐，并独自走开
    void OnCollisionExit(Collision other) {

            if(other.gameObject.name=="Cube")
            {
                    animator.SetBool("leave",true);
            }
    }
}
```

将此程序挂到老鼠王的身上，运行此工程，便可以看到老鼠王的行走和碰撞打斗的动作。

自此，本讲实现了对游戏基本元素的练习。读者可以模仿本书的介绍实例做一个小游戏的初期设计。但要想完成一个上线的游戏，还有许多开发技术要学习，我们将在后续的出版物中继续进行讲解。感谢您的阅读，请多提宝贵意见！

 练习题

操作题：构造一个有两个角色组成的小游戏，当它们接近时实现碰撞检测。

参 考 文 献

[1] Unity Technologies. Unity 5.x 从入门到精通 [M]. 北京：中国铁道出版社，2016.

[2] 优美缔软件（上海）有限公司. Unity 官方案例精讲 [M]. 北京：中国铁道出版社，2015.

[3] 吴亚峰，索依娜. Unity 5.X 3D 游戏开发技术详解与典型案例 [M]. 北京：人民邮电出版社，2016.

[4] 罗盛誉. Unity 5.x 游戏开发指南 [M]. 北京：人民邮电出版社，2015.

[5] JOSEPH HOCKING. Unity 5 实战 使用 C# 和 Unity 开发多平台游戏 [M]. 北京：清华大学出版社，2016.

[6] KEVIN WERBACH, DAN HUNTER. 游戏化思维 [M]. 杭州：浙江人民出版社，2014.

[7] JANE MCGONIGAL. 游戏改变世界：游戏化如何让现实变得更美好 [M]. 杭州：浙江人民出版社，2012.

[8] （美）迪斯潘. 游戏设计的 100 个原理 [M]. 北京：人民邮电出版社，2015.

[9] （日）大野功二. 游戏设计的 236 个技巧 [M]. 北京：人民邮电出版社，2015.

[10]（美）西尔维斯特. 体验引擎：游戏设计全景探秘 [M]. 北京：电子工业出版社，2015.

[11]（美）JESSE SCHELL. 游戏设计艺术 [M]. 2 版. 北京：电子工业出版社，2016.